Klaus Mätzel
Klaus Nehrkorn

Formelmanipulation

Informatik · Kybernetik · Rechentechnik

Herausgegeben von der Akademie der Wissenschaften der DDR
Zentralinstitut für Kybernetik und Informationsprozesse

Band 11

Formelmanipulation
mit dem Computer

von Klaus Mätzel und Klaus Nehrkorn

Formelmanipulation mit dem Computer

Systeme und Algorithmen

von Klaus Mätzel und Klaus Nehrkorn

Akademie-Verlag · Berlin 1985

Verfasser: Prof. Dr. sc. nat. Klaus Mätzel
Dr. rer. nat. Klaus Nehrkorn
Technische Hochschule Karl-Marx-Stadt

Der Titel wurde vom Originalmanuskript der Autoren reproduziert.

ISSN 0232-1351

Erschienen im Akademie-Verlag, DDR-1086 Berlin, Leipziger Straße 3—4

Lizenznummer: 202 · 100/403/85
Printed in the German Democratic Republic
Gesamtherstellung: VEB Druckerei „Thomas Müntzer", 5820 Bad Langensalza
Lektor: Dipl.-Phys. Gisela Lagowitz
LSV 1085
Bestellnummer: 763 450 2 (6894)

03000

Vorwort

In den vergangenen Jahrzehnten ist der Computer zu einem unentbehrlichen Hilfsmittel zur Behandlung informationeller Prozesse in den verschiedensten Gebieten von Wissenschaft und Technik geworden.
Das hat einerseits zu einer beachtlichen Entwicklung der numerischen Mathematik geführt und andererseits die Herausbildung der Wissenschaftsdisziplin Informatik gefördert.
Ausgangspunkt für diese Entwicklung war die Schaffung des Werkzeuges "Rechenautomat", das dem Menschen umfangreiche numerische Rechnungen abnehmen und ihn in seinen Leistungen (Geschwindigkeit und Zuverlässigkeit) weit übertreffen konnte. Mit der Entwicklung des numerischen Rechnens auf Computern wurden unbestreitbar analytische Lösungsverfahren für einzelne Aufgabenklassen zurückgedrängt. Dieser Situation Rechnung tragend, entstanden frühzeitig numerisch orientierte Programmiersprachen (FORTRAN, ALGOL 60), auf deren Grundlage heute ein umfangreiches Algorithmenangebot verschiedenster Verfahren der numerischen Mathematik zur Verfügung steht.
Die umfassende Erweiterung des Rechnereinsatzes ist nicht vordergründig durch die numerischen Operationen eines Computers, sondern durch die Operationen des Speicherns, Ordnens und Wiederauffindens von Daten gekennzeichnet. Dabei werden Daten als allgemein strukturierte Objekte aufgefaßt, deren Interpretation wohl die Zahlen enthält, aber über diese hinausgeht. Folgerichtig wurden Voraussetzungen geschaffen, um informationelle Prozesse in beachtlicher Allgemeinheit zu behandeln.
Ein entsprechender Anwendungsbereich, der sich in den vergangenen Jahrzehnten beachtlich entwickelt hat, wird durch jene nichtnumerisch-mathematischen Verfahren bestimmt, die wir unter der Bezeichnung symbolische mathematische Berechnungen (kurz: Formelmanipulation) zusammenfassen wollen.
Ausgehend von der Bestimmung des Gegenstandes der symbolischen Berechnungen auf Computern, werden in diesem Buch sowohl programmierungstechnische Grundlagen vermittelt, die es einem potentiellen Nutzer ermöglichen, entsprechende Aufgaben zu programmieren, als auch Algorithmen für verschiedene Problemklassen der Formelmanipulation diskutiert, um die prinzipiellen Anwendungsmöglichkeiten der Formelmanipulation zu zeigen.

Dabei haben wir uns im wesentlichen auf die programmiersprachlichen Mittel des Systems FORMAC 73 /13/ orientiert, da vorausgesetzt werden kann, daß ein Anwender sowohl Kenntnisse über eine prozedurorientierte Programmiersprache verfügt als auch grundsätzliche Verfahren der numerischen Mathematik kennt. Die Verbindung von numerischen und nichtnumerischen Verfahren erscheint uns gerade in diesem System gut möglich. Zusätzlich wird auch ein Zugang zum Formelmanipulationssystem REDUCE angeboten, um die prinzipiellen funktionellen Möglichkeiten und Anwendungstechniken dieses Softwaresystems aufzuzeigen.
Die Behandlung grundsätzlicher symbolischer mathematischer Verfahren setzt an einigen Stellen den Bezug zu verschiedenen mathematischen Grundlagen voraus. Soweit es für die Beschreibung der Algorithmen notwendig ist, wird auf solche mit den Verweisen auf die mathematische Literatur zurückgegriffen.
Auf die Anwendung der Systeme und Verfahren in solchen Gebieten, wie Physik, Mechanik oder Elektrotechnik, kann hier nicht eingegangen werden, dazu verweisen wir auf weiterführende Literatur.
Deshalb sind wir uns bewußt, daß der Umfang der Algorithmen, Programme und Anwendungsprinzipien sicher an verschiedenen Stellen erweiterungsfähig ist.
Wir hoffen aber, daß der Leser Anregungen für die Nutzung symbolischer mathematischer Verfahren erhält, um somit neue Einsatzmöglichkeiten des Computers für Problemlösungen zu erschließen.

Wir danken dem Akademie-Verlag, insbesondere der Lektorin, Frau Dipl.-Phys. G. Lagowitz, für die konstruktive und verständnisvolle Zusammenarbeit.
Frau Dipl.-Math. Ch. Möckel hat einen wesentlichen Teil des Manuskripts geschrieben, sämtliche Korrekturen eingearbeitet und die Endfassung der Druckvorlage erstellt. Hierfür gebührt ihr unser Dank.

Karl-Marx-Stadt, September 1984

K. Mätzel
K. Nehrkorn

Inhaltsverzeichnis

1. Einführung

1.1. Gegenstand symbolischer mathematischer Berechnungen

Die Ausführung symbolischer mathematischer Berechnungen (SMB) auf einem Computer ist gekennzeichnet durch die Ausführung von Transformationen, die durch eine Menge mathematischer Regeln festgelegt sind, um einen gegebenen mathematischen Ausdruck in einen anderen zu überführen.
Die zu transformierenden mathematischen Ausdrucksklassen entsprechen in ihrer syntaktischen Struktur den arithmetischen Ausdrücken der problemorientierten Programmiersprache. Folgendes Beispiel verdeutlicht den Sachverhalt:
Bekanntlich können die Legendre-Polynome P_i nach der Rekursionsvorschrift

$$P_0 = 1, \quad P_1 = x,$$

$$P_i = \frac{2i-1}{i} x \cdot P_{i-1} - \frac{i-1}{i} P_{i-2}, \qquad i \geq 2$$

ermittelt werden. In ALGOL-ähnlicher Notation können wir dafür die Anweisungsfolge

```
p(0):= 1;
p(1):= x;
for i:= 2 to n do
    p(i)= ((2*i-1)*x*p(i-1)-(i-1)*p(i-2))/i
```

schreiben und erhalten die folgenden Polynome:

$p(0) = 1,$
$p(1) = x,$
$p(2) = 3/2\, x^2 - 1/2,$
$p(3) = 5/2\, x^3 - 3/2\, x,$
.
.
.

Gehen wir nun davon aus, daß die Anweisungsfolge um die Zuweisung x:= 0.5 erweitert wird, so erfolgt die Auswertung des arithmetischen Ausdrucks in der Laufanweisung nach den bekannten Regeln der real-Arithmetik. Abweichend von dieser Arithmetik ist auch die Anwendung einer Rationalarithmetik denkbar, für die mit x:= 1/2 entsprechende Auswertungen des arithmetischen Ausdrucks erfolgen.

Die Übersicht

	real-Arithmetik	Rationalarithmetik
P(0)	1.0	1
P(1)	0.5	1/2
P(2)	-0.125	-1/8
P(3)	-0.4375	-7/16
P(4)	-0.2890625	-37/128
P(5)	0.08984375	23/256

enthält die Werte der entsprechenden Legendre-Polynome an der Stelle x = 1/2 bzw. x = 0.5.
Wird vorausgesetzt, daß solche Transformationsvorschriften, wie die Rationalarithmetik oder das schrittweise Einsetzen von Polynomausdrücken, in anderen Ausdrücken einschließlich des Ordnens und Zusammenfassens von Termen auf einem Computer ausgeführt werden, so können wir erklären:

> Formelmanipulation (FM) beschäftigt sich mit der Algorithmisierung, Implementation und Ausführung von endlichen mathematischen Transformationsmengen auf mathematischen Ausdrucksklassen mit Hilfe von Rechenanlagen.

Ferner stellen wir fest, daß synonym für den Begriff Formelmanipulation auch die Bezeichnungen

- . symbolische mathematische Berechnungen,
- . formale algebraische Manipulation,
- . analytische Berechnungen,
- . Computer-Algebra

benutzt werden.
Um den Gegenstand der Transformationen genauer zu bestimmen, betrachten wir gegenüber Variablen vom Typ numeric solche vom Typ formula. Diese sind gegenüber den numerischen Variablen, die entweder Werte vom Typ integer oder real annehmen können, dadurch umfassender, daß ihnen als Wert ein symbolischer mathematischer Ausdruck (Formelausdruck) zugewiesen werden kann.

Eine Wertemenge F solcher Formelausdrücke kann beispielsweise folgende formal beschriebene Ausdrucksklasse sein:

```
⟨fausdr⟩ ::= ⟨term⟩  - ⟨term⟩  + ⟨term⟩
             ⟨fausdr⟩ ⟨addop⟩ ⟨term⟩
⟨term⟩   ::= ⟨faktor⟩ | ⟨term⟩ ⟨multop⟩ ⟨faktor⟩
⟨faktor⟩ ::= ⟨fconst⟩ | ⟨fvar⟩ | ( ⟨fausdr⟩ )
⟨addop⟩  ::=  + | -
⟨multop⟩ ::=  * | / .
```

Die syntaktischen Kategorien ⟨fconst⟩ und ⟨fvar⟩ stehen für die Darstellung von Konstanten und Variablen. Während man als Konstanten die externen Darstellungen der Werte vom Typ numeric benutzen kann, bezeichnet fvar die Menge der zugelassenen Bezeichner zur Benennung der

Variablen vom Typ <u>formula</u>. Da ein Ausdruck eine Berechnungsregel (Formel) selbst beschreibt, ist es notwendig, zur Interpretation der mathematischen Ausdrücke einen Wertbestimmungsmechanismus festzulegen.
Dazu betrachten wir beispielsweise den Formelausdruck

x * (y + h/g), (1)

in dem h,g,x und y Variable vom Typ <u>formula</u> sind; diese seien mit folgenden Werten belegt:

Variable	Wert
h	1/3 - 2*c
g	2
x	x
y	(a*b)+c

Der Ausdruck (1) bezeichnet jenen Wert, der als Formelausdruck entsteht, wenn die Werte der Formelvariablen <u>substituiert</u> werden.
Durch die Substitution erhalten wir aus (1)

x * ((a*b) + c + (1/3-2*c)/2), (2)

wobei dieser Ausdruck wiederum zu F gehört.
Durch <u>äquivalente</u> Umformungen des Ausdrucks (2) erhält man

x * (a * b + c + 1/6 - c),
x * (a * b + 1/6),
a * b * x + 1/6 * x .

Die äquivalenten Umformungen sind Transformationsfunktionen $V: F \rightarrow F$ mit der Eigenschaft, daß für einen beliebigen Ausdruck $a \in F$ gilt
WERT (a) = WERT (V(a)), wobei die Funktion WERT die arithmetische Interpretation des Ausdrucks a ist.
In unserem Beispiel sind folgende äquivalente Umformungsregeln angewendet worden:

- Weglassen überflüssiger Klammern;
- Ausführung möglicher arithmetischer Operationen (Rationalarithmetik);
- $a + (-a) \rightarrow 0, \quad a + 0 \rightarrow a$;
- Distributivgesetz;
- Ordnen von Termen.

Die Klasse solcher äquivalenten Umformungen auf Ausdrucksklassen werden in der Formelmanipulation als <u>Vereinfachungstransformationen</u> bezeichnet.
Eine Wertveränderung einer Variablen vom Typ <u>formula</u> wird durch die Wertzuweisungsoperation erreicht:

⟨fvar⟩ := ⟨fausdr⟩ .

Der Formelvariablen auf der linken Seite wird der durch die Wertbestimmung erzeugte Wert vom Typ <u>formula</u> zugewiesen. Damit wird deutlich, daß die Wertzuweisung an Variable vom numerischen Typ nur ein Spezialfall der betrachteten Wertzuweisung ist; wenn nämlich die Wertbestimmung von ⟨fausdr⟩ einen numerischen Wert liefert (die numerischen Konstanten

bilden eine Teilmenge von F), dann hat <fvar> die numerische Konstante als speziellen Formelausdruck zum Wert. In diesem Sinne sind die Formelvariablen eine Verallgemeinerung der numerischen Variablen /5/.
Wir können also feststellen: Die Wertbestimmung ist eine systematische Transformation eines Ausdrucks, die durch die Umgebung zum Zeitpunkt der Ausführung der Transformation gesteuert wird. Dabei enthält die Umgebung alle Name-Wert-Beziehungen zwischen Variablen und Ausdrücken sowie Festlegungen zur Ausführung äquivalenter Umformungen, die zu einer bestimmten Zeit gelten. Charakteristischer Gegenstand für die Formelmanipulation ist die Wertbestimmung von Formelausdrücken in einer dynamisch veränderlichen Umgebung.
Um die Fähigkeiten der Wertbestimmung zu erweitern, werden in den Ausdrücken auch Funktionen zugelassen. Dazu gehen wir von der Ausdrucksmenge F zur Menge F1 durch folgende syntaktische Erweiterung über:

<faktor> ::= <fconst>|<fvar>|(<fausdr>)|<ffkt>,
<ffkt> ::= <fktname> (<argumentliste>).

Das Aufrufen von Funktionen in Formelausdrücken bedeutet bei der Wertbestimmung die Anwendung einer komplexen Operation auf die in der Argumentliste aufgeführten aktuellen Parameter, die im allgemeinen vom Typ <u>formula</u> sind; der erzeugte Wert der Funktion, der selbst ein Formelausdruck ist, wird bei Ausführung der Wertbestimmung substituiert.
Die Wirkungen solcher Funktionen und eine definierte Wertbestimmungsumgebung ermöglichen eine Vielfalt von Ausdruckstransformationen, die selbst alle in die Wertbestimmung eingebettet sind. Wiederum können wir feststellen, daß damit das Konzept der Standardfunktionen und der nutzerdefinierten Funktionsroutinen bei der Programmierung numerischer Problemstellungen als Spezialfall enthalten ist.
Wir wollen das Zusammenwirken von Funktionen und dynamischer Umgebung an einigen Beispielen verdeutlichen.

<u>Beispiel 1:</u> Die Anweisungsfolge

```
is_trans := true;  { Numerische Auswertung transzendenter
                     Funktionen wird bei numerischen Argumenten
                     ausgeführt }
a:= 3/4;
b:= sin(x**4) + log(2*a);
is_trans:= false;  {Numerische Auswertung wird nicht ausgeführt}
c:= sin(x**4) + log(2*a)
```

liefert dann folgende Ergebnisse

b : $\sin(x^4) + 0.405465$ c : $\sin(x^4) + \log\ (3/2)$.

Bemerkung: Während durch die unterschiedliche Wertbelegung der logischen Variablen is_trans die Umgebung zur Auswertung der transzendenten Funktionen gesteuert wird, erfolgt die Ausführung der numerischen Operationen (Rationalarithmetik) automatisch:

$2 * a \rightarrow 2 * 3/4 \rightarrow 3/2$.

Beispiel 2: Zu den Anweisungen

```
x:= a + dist(a * (c+d));   y:= (e+f) **2;   z:= mult(y)
```

erhalten wir

$x:\ a + ac + ad$, $\quad y:\ (e+f)^2$, $\quad z:\ e^2 + 2ef + f^2$.

Bemerkung: Die Funktionen dist und mult bewirken die Ausführung des Distributiv- bzw. Multinomialgesetzes als äquivalente Umformungen, die nach Aufforderung ausgeführt werden. Solche Transformationen werden i.allg. nicht automatisch ausgeführt, denn beispielsweise ist der Ausdruck $(e+f)^{100}$ übersichtlicher als die entwickelte Darstellung. Anstelle der expliziten Angabe der Funktionen mult und dist ist ihre Anwendung (Nichtanwendung) auch automatisch denkbar durch die Belegung entsprechender logischer Variabler, die die Wertbestimmungsumgebung beschreiben, etwa durch is_dist und is_mult (vgl. Beispiel 1). Mit

```
is_dist:= true;  is_mult:= true;
x:= a + a * (c+d),  y:= (e+f)**2
```

erhalten wir

$x :\ a + ac + ad$, $\quad y :\ e^2 + 2ef + f^2$.

Die Anwendung der Gesetze erfolgt so lange, wie die entsprechenden Bedingungsvariablen den Wert true haben.

Beispiel 3: Die Anweisungsfolge

```
is_dist:= true;
u:= a + a * (c+d);
v:= x * y + sin(5*x);
w:= diff(v,x,1);    { berechne 1.Ableitung  dv/dx }
is_dist:= false;
s:= a * coeff(u,a);   { coeff bestimmt den Koeffizienten von
                          a im Ausdruck u }
```

liefert folgende Wertbelegungen:

$u :\ a + ac + ad$, $\quad v :\ xy + \sin(5x)$,

$w :\ y + 5\cos(5x)$, $\quad s :\ a\,(1+c+d)$.

Bemerkung: Die Funktionen diff und coeff liefern als Werte Formelausdrücke festgelegter Bedeutung und erweitern somit die Manipulationsfähigkeiten. Wir erkennen, daß die Formelvariablen u und s äquivalent sind, aber unterschiedliche Darstellungen haben. Dieser Unterschied wird durch den Umgebungszustand is_dist:= false erreicht.

Die Beispiele verdeutlichen, daß die möglichen Transformationen auf verschiedenen Ausdrucksklassen die Gesamtheit der Wertbestimmungen festlegen. Diese können entweder als vordefinierte Manipulationsfunktionen (im Sinne von Standardfunktionen) und globale Zustandsvariable oder als durch einen Nutzer definierte Funktionen gesteuert werden.

Für die Beschreibung von Algorithmen zur Lösung von Aufgaben, die symbolische mathematische Berechnungen umfassen, leiten sich aus dem verallgemeinerten Wertbestimmungskonzept der Formelmanipulation gegenüber den numerischen Berechnungen folgende Konsequenzen an ein programmiersprachliches Konzept ab:

. Vorhandensein einer definierten Menge von Standardfunktionen (-operationen) zur Ausführung von Manipulationen auf Formelausdrücken, sofern diese als Datenobjekte existieren;
. Definitions- und Anwendungsmöglichkeiten von Funktionsroutinen, deren Werte Formelausdrücke liefern;
. Verfügbarkeit einfacher Steuerkonstrukte zur Algorithmenbeschreibung und Problemstrukturierung.

Diese prinzipiellen Konsequenzen, die sich allein aus dem erweiterten Wertbestimmungsprinzip der symbolischen mathematischen Berechnungen ergeben, werden bei der Entwicklung von Systemen zur Realisierung von FM-Aufgaben auf Computern unterschiedlich ausgenutzt.

1.2. Systeme der Formelmanipulation

Wir erklären: Ein Programmsystem, das für einen Computer vorliegt und mit dessen Hilfe symbolische mathematische Transformationen auf gewissen mathematischen Ausdrucksklassen ausführbar sind, bezeichnen wir als Formelmanipulationssystem (FMS).

Jede Anwendung eines FMS setzt Kenntnisse über folgende Eigenschaften des Systems voraus:

. Merkmale und Fähigkeiten der Eingabesprache;
. Ausdrucksklassen und Wertbestimmungsmechanismen, die im System verfügbar sind;
. Möglichkeiten der Mensch-Maschine-Kommunikation im Problemlösungsprozeß;
. systemtechnische Parameter, die Speicheranforderungen und Verarbeitungszeiten für verschiedene Aufgabenklassen festlegen;
. mathematische, algorithmische Grundlagen der wesentlichen Manipulationsfunktionen.

Um für bestimmte Aufgaben der symbolischen mathematischen Berechnungen eine Lösung zu entwickeln, ist vom Anwender eines FMS unter Ausnutzung der Problemstellung und des Wissens über den Problemraum ein Algorithmus zu konstruieren, der unter Benutzung von Wissen über das FMS in ein Programm zu transformieren ist. Folglich führt die Anwendung eines FMS über die Schritte Algorithmenkonstruktion und Programmentwicklung. Deshalb werden wir uns auch in den folgenden Kapiteln mit Algorithmen für verschiedene Transformationen auf den Ausdrucksklassen Polynome, rationale Funktionen und transzendente Funktionen sowie ihren programmtechnischen Umsetzungen beschäftigen.

Zur Bearbeitung von Aufgaben der Formelmanipulationen unterscheiden wir bezüglich der Programmierungsmittel drei verschiedene Zugänge:

1. Anwendung eines Prozedurpaketes zur Ausführung manipulativer Aufgaben und Einsatz der entsprechenden Programmiersprache (z.B. LISP oder FORTRAN) zur Problemlösung.
2. Anwendung einer Programmiersprache, die eine Erweiterung einer Wirtssprache ist; alle Fähigkeiten der Wirtssprache stehen zur Programmierungstechnik zur Verfügung (z.B. FORMAC als Obermenge von PL/1).
3. Anwendung einer fachbezogenen eigenständigen höheren Programmiersprache (z.B. REDUCE).

Die ersten beiden Zugänge charakterisieren die symbolischen mathematischen Berechnungen als besondere ausführbare Operatoren, um die eine verfügbare Sprache erweitert wurde. Das bedeutet, sowohl die Fähigkeiten der Sprache als auch die Menge der zusätzlichen Funktionen und Datenstrukturen, mit denen die FM-Aufgaben ausgeführt werden, zu kennen. An dieser Stelle ist auf die besondere Rolle der Programmiersprache LISP /18/ hinzuweisen, die eine funktionsorientierte Sprache für symbolische und listenverarbeitende Aufgaben ist. Der Einsatz dieser Sprache zur Programmierung von Algorithmen der FM ist durch folgende Aspekte zu kennzeichnen:

(a) Die Datenstrukturen von LISP gestatten eine einfache Implementation der Formelausdrücke;

(b) die Funktionsorientiertheit von LISP gestattet eine umfangreiche Bereitstellung von Funktionen zur Ausführung von Manipulationsoperatoren.

In den Lehrtexten zu LISP werden häufig FM-Funktionen als Anwendungsbeispiele demonstriert.

Ferner sind zahlreiche FMS, zu denen auch REDUCE gehört, in LISP implementiert. Da sich für viele Anwender ein erster Rechnerzugang auf der Grundlage einer numerisch orientierten und prozeduralen Programmiersprache (PASCAL, PL/1 oder FORTRAN) vollzieht, erscheint FORMAC (als Spracherweiterung von PL/1) für die Formelmanipulation aus zwei Gründen für die Anwendung geeignet:

1. Aufgrund der Möglichkeit, die vollen Fähigkeiten von PL/1 zu nutzen, ist eine sinnvolle Verbindung von numerischen und symbolisch mathematischen Berechnungen gegeben.
2. Die programmiertechnischen Erfahrungen (strukturierte Programmierung) bei der Lösung numerischer Probleme können angewendet und für spezielle Objekte (die Formalausdrücke) und Operationen erweitert werden.

Deshalb werden wir die Möglichkeiten der Anwendung von FORMAC an ausgewählten Aufgabenklassen behandeln.

Als einführendes Beispiel geben wir ein Programm zur Berechnung der Legendreschen Polynome vom 0. bis 5. Grad an:

```
LEGR: PROC OPTIONS(MAIN);
      FORMAC_OPTIONS;
      OPTSET(EXPAND);
      LET(P(0)=1; P(1)=X);
      /* Die indizierte Formelvariable P(0) erhält den Wert 1 und
         P(1) den Wert X */
      PRINT_OUT(P(0);P(1));
      DO N=2 TO 5;
      /* N ist implizit vereinbarte PL/1-Variable */
        FIXEDA(I=N);
        /* diese FORMAC-Anweisung übergibt den Wert der PL/1-Variablen
           N an die Formelvariable I */
        LET(P(I)= (2*I-1)/I*X*P(I-1)-(I-1)/I*P(I-2));
        PRINT_OUT(P(I));
        /* Diese Anweisung realisiert die Ausgabe der Formelaus-
           drücke */
      END;
END LEGR;
```

Wir bemerken, daß die durch LET, OPTSET, PRINT_OUT und FIXEDA gekennzeichneten Anweisungen ausführbare FORMAC-Anweisungen sind.

Übersicht zu den Systemen FORMAC und REDUCE

Systemverfügbarkeiten	FORMAC	REDUCE
Rechner/Betriebssystem	ESER, OS/ES	ESER, OS/ES
Speicherminimum	170K Bytes	mind. 300K
Sprachsystem	PL/1 (F)	LISP
Dialogarbeit	TSO	TSO, PTS
Vertrieb	Magnetband	Magnetband
Dokumentation	Einführungsschrift, Handbuch	Handbuch

2. Aufbau und Fähigkeiten von FORMAC

Für den Nutzer stellt sich das Gesamtsystem PL/1-FORMAC (künftig schreiben wir abkürzend dafür nur noch FORMAC) dar als ein System, das aus zwei verschiedenen Teilen besteht, einerseits das 'reine' PL/1, andererseits der Teil zur Ausführung von Operationen der Formelmanipulation. Wir werden diese beiden Teile künftig als PL/1-Umgebung und als FM-Umgebung bezeichnen, die Vereinigung beider ist dann FORMAC.

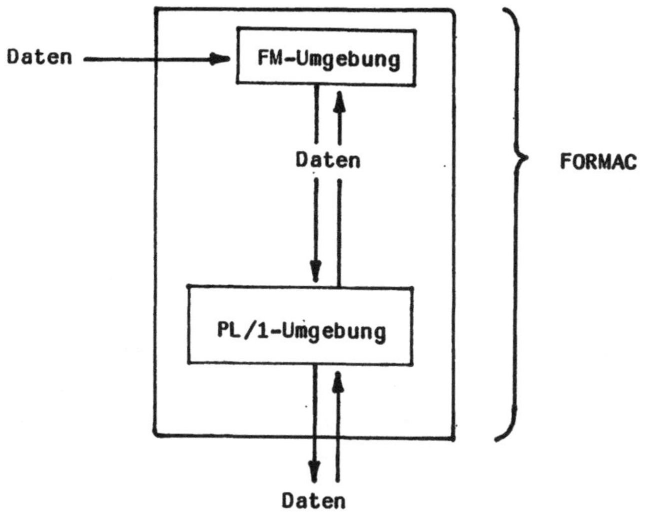

Der Nutzer von FORMAC befindet sich jeweils in einer der beiden Umgebungen, er kann zwischen ihnen beliebig oft hin- und herwechseln. Dieses Hinüberwechseln von einer Umgebung zur anderen erfordert, daß der Nutzer einige Konventionen einhält.
In beiden Umgebungen existieren eigene Datentypen, Variablen gleichen Namens haben unterschiedliche Bedeutungen (und meist auch unterschiedliche Werte).
Das Übergeben von Daten der einen Umgebung in die andere erfordert die Anwendung spezieller Transformationsfunktionen.

Betrachten wir zum ersten Verständnis dessen folgende Anweisungen:

```
A=5;
LET(A=6);
X=2;
B=A+X;
LET(B=A+X);
```

Zur Verdeutlichung wurden die Anweisungen der FM-Umgebung noch durch Unterstreichungen gekennzeichnet.
Bei obigem kurzem Beispiel haben wir 3 Anweisungen (Wertzuweisungen) der PL/1-Umgebung und 2 Anweisungen der FM-Umgebung. In beiden Umgebungen haben wir die gleichen Bezeichnungen A, B, X verwendet. Es ergeben sich dann die folgenden Wertebelegungen: In der PL/1-Umgebung

A := 5
X := 2
B := 7 , hingegen in der

FM-Umgebung

A := 6
X := X
B := 6+X

Interessant und für die hier betrachtete Problematik typisch ist, daß die FM-Variable X als Wert sich selbst repräsentiert. Wir sagen dazu auch, X ist eine atomare Variable, im Gegensatz zu A und B, denen Werte zugewiesen wurden. Wir nennen diese zugewiesene oder nichtatomare Variable.
Es ist Aufgabe des Nutzers, zu unterscheiden zwischen den Daten der FM- und denen der PL/1-Umgebung. Dies mag zunächst befremdend erscheinen, erfordert auch einen gewissen Mehraufwand, man hat sich aber sehr schnell an diese Eigenart von FORMAC gewöhnt.
Nachfolgend sollen noch wenige, aber wesentliche Eigenschaften von FM- und PL/1-Daten angegeben werden, später werden wir im Zusammenhang mit konkreten Problemen weitere Fragestellungen erörtern.
Es gilt:

- FM-Variable werden nicht deklariert, es gibt in der FM-Umgebung keine Deklarationen.
- FM-Variable haben prinzipiell globalen Charakter. Durch spezielle Anweisungen können FM-Variable als lokale Variable verwendet werden.
- PL/1-Variable werden explizit (mittels spezieller Deklarationen) oder implizit (über ihren Anfangsbuchstaben) vereinbart.
- In der PL/1-Umgebung gilt das Blockkonzept und damit das Konzept der lokalen und globalen Größen.

In beiden Umgebungen sindunterschiedliche Wertbestimmungs-(Auswertungs-) mechanismen realisiert, wobei in der FM-Umgebung die allgemeinere Form verwendet wird.
Da in PL/1 eine Variable nur dann einen Wert besitzt, wenn eine Wertzuweisung in Form einer Eingabe oder einer Ergibtanweisung erfolgt ist, hat auch ein Ausdruck nur dann einen Wert, wenn alle in ihm enthaltenen Variablen mit Werten belegt sind. Dabei können numerische Werte (Zahlen) oder Ketten verwendet werden.
In der FM-Umgebung ist der Wert einer Variablen demgegenüber entweder

diese Variable selbst (atomare Variable)

oder aber ein

symbolischer Ausdruck (in der Regel nach vorausgegangenen äquivalenten Umformungen).

Betrachten wir hierzu das Beispiel:

```
LET(Y=A*B+C;
    H=1/3-2*C;
    G=2;
    AUSDR = X*(Y+H/G));
```

Wir sehen, daß A, B, C, X im Sinne atomarer Größen verwendet werden, demgegenüber sind Y, H, G, AUSDR nicht atomar, sie haben als Wert die rechtsstehenden Ausdrücke, wobei die 'Berechnung' von AUSDR einige äquivalente Umformungen erfordert.
AUSDR wird ermittelt, indem alle nichtatomaren Größen durch ihre Werte ersetzt und die dabei entstehenden neuen Ausdrücke noch gewissen äquivalenten Umformungen unterzogen werden. AUSDR nimmt dabei der Reihe nach folgende Werte an:

```
X*(A*B+C+(1/3-2*C)/2),
X*(A*B+C+1/6-C),
X*(A*B+1/6)            und schließlich
A*B*X+1/6*X.
```

Die hierbei durchgeführten äquivalenten Umformungen sind

- Weglassen überflüssiger Klammern,
- Kürzen und Rationalarithmetik,
- C+(-C) = 0,
- ausdruck + 0 = ausdruck,
- Anwendung des Distributivgesetzes.

Dies sind nur einige der prinzipiell möglichen Umformungen, wir werden generell derartige äquivalente Umformungen als Vereinfachungen bezeichnen.

Damit wird klar, das verallgemeinerte Wertbestimmungskonzept besteht in Substitutionen und Vereinfachungen, somit ist letztlich die "klassische" numerische Auswertung von Ausdrücken als Spezialfall der verallgemeinerten Wertbestimmung aufzufassen. Noch eine Bemerkung zur Begriffsbildung:
Wir haben bisher die beiden Teile von FORMAC als "FM-Umgebung" und als "PL/1-Umgebung" bezeichnet, um eine klare Abgrenzung der unterschiedlichen Fähigkeiten zu geben. Künftig werden wir aus methodischen Gründen folgende Sprechweise verwenden:
Alle Elemente der FM-Umgebung werden wir als FORMAC-Größen bezeichnen (FORMAC-Variable, FORMAC-Ausdrücke usw.), die FM-Umgebung werden wir schlechthin als "FORMAC", die PL/1-Umgebung als "PL/1" bezeichnen. Damit dient die Bezeichnung "FORMAC" einmal als Kennzeichnung des Formelmanipulationsteiles, zum anderen als Kennzeichnung des gesamten Systems. Wenn bei dieser Vorgehensweise die Gefahr von Fehlinterpretationen besteht, werden wir die eigentlich korrekte Bezeichnung "PL/1-FORMAC" verwenden.
Die PL/1-Umgebung ist für den Nutzer interessant und notwendig vor allem

- zur Eingabe symbolischer Größen, da FORMAC über keine Eingabeanweisungen verfügt,
- zur Realisierung bedingter Anweisungen, also von alternativen Programmstrukturen,
- zur Realisierung zyklischer Programmstrukturen.

Daraus folgt, daß der FORMAC-Nutzer nur ein Minimum an PL/1 wirklich benötigt. Andererseits kann er natürlich sämtliche Fähigkeiten von PL/1 ausnutzen, falls er dies wünscht und über die nötigen Kenntnisse verfügt. Hervorgehoben werden sollen hier nur die Möglichkeiten, die numerischen Fähigkeiten von PL/1 mit den manipulativen Fähigkeiten von FORMAC zu verbinden, sowie die Möglichkeiten zur Behandlung von Ausnahmezuständen.

2.1. Struktur eines FORMAC-Programms

Zur Beschreibung der Sprachelemente macht es sich notwendig, ein Minimum an metasprachlichen Symbolen zu verwenden; es sind dies:

- Kleinbuchstaben,
- ... zur Kennzeichnung beliebiger (aber endlicher) Wiederholbarkeit der entsprechenden Sprachelemente,
- [ ] für fakultative Sprachelemente,
- ::= als Definitionszeichen.

Alle anderen Symbole (Großbuchstaben, Zahlen, Sonderzeichen) sind Terminalsymbole und damit Elemente von FORMAC (bzw. PL/1) selbst.
Die dynamische Wertzuweisung als Resultat einer Operation wird mit ":=" gekennzeichnet.
Es gilt nun folgende allgemeine Struktur eines FORMAC-Programmes (Hauptprogramm)

```
fmc-programm::=
programmname:  PROCEDURE OPTIONS(MAIN);
               FORMAC_OPTIONS(option);
               blockinhalt
               END[programmname];
```

blockinhalt enthält

- FORMAC-Anweisungen,
- PL/1-Deklarationen,
- PL/1-Anweisungen

in beliebiger Reihenfolge.

Wir wollen dies verdeutlichen an einem ersten einfachen FORMAC-Programm, das folgende Aufgabe löst:
Gegeben sei eine Funktion f(x), die in der Umgebung des Punktes x=a mindestens n-mal stetig differenzierbar ist.
Gesucht ist die Taylorreihe fr(x) für f(x) in der Form

$$fr(x)=f(a) + \sum_{i=1}^{n} f^{(i)}(a)/i!\ (x-a)^i .$$

Auch ohne Kenntnis der entsprechenden Sprachelemente dürfte das folgende Programm leicht verständlich sein:

```
TAYLOR: PROC OPTIONS(MAIN);
        FORMAC_OPTIONS;
        DCL(N,I) BIN FIXED, A CHAR(4), F CHAR(76);
  (1)   GET LIST(N, A, F);
        CET(A= A; F= F);
  (2)   LET(FR= REPLACE(F,X,A));
  (3)   DO I= 1 TO N;
  (4)   FIXEDA(I=I);
        LET(F=DERIV(F,X);
  (5)   FR=FR+1/FAC(I)*(X-A)**I*REPLACE(F,X,A));
        END;
  (6)   LET(FR=EXPAND(FR));
        PRINT_OUT(FR);
END TAYLOR;
```

Zur besseren Unterscheidung der Sprachelemente beider Umgebungen wurden diese numeriert. Diese Numerierung entfällt natürlich in einem "echten" FORMAC-Programm. Es möge nun obiges Programm die Eingabedaten

8, '0', 'SIN(X)' in dieser Reihenfolge verarbeiten; dann ergäbe sich als Resultat das Druckbild

$FR=X/1!-X^3/3!+X^5/5!-X^7/7!$

Wir wollen das Programm in groben Zügen kurz erläutern:
In (1) werden die benötigten PL/1-Größen als numerische Werte bzw. Zeichenketten deklariert. Die Größe A wird als Zeichenkette deklariert, weil der Punkt x=a auch rational sein kann und PL/1 keine rationalen Zahlen kennt. F repräsentiert die zu entwickelnde Funktion f(x). Nach der Eingabe aller Größen an die PL/1-Umgebung werden in (2) F und A an die FORMAC-Umgebung transformiert. REPLACE (F,X,A) bewirkt die Substitution von X in F durch A, also letztlich die numerische Berechnung von f(a). (3) enthält den Summationszyklus zur Bildung der Reihe, dabei wird in (4) die Laufvariable I in eine gleichnamige FORMAC-Variable überführt. In (5) wird die eigentliche Reihe gebildet, wobei DERIV(F,X) die Ableitung $\frac{df}{dx}$ ermittelt und FAC(I) als symbolischer Operator für i! steht. Letztlich werden in (6) mittels EXPAND(FR) alle überflüssigen Klammern beseitigt und das Resultat in einer der mathematischen Notation angenäherten Darstellung ausgegeben. Wenn wir nun im Folgenden das Schema der Abarbeitung eines FORMAC-Programms betrachten, so wird deutlich, daß die auf der Nutzerebene notwendige Unterscheidung in FORMAC- und PL/1-Umgebung wieder aufgelöst wird, so daß die Abarbeitung im "reinen PL/1" erfolgt.

2.2. Abarbeitung eines FORMAC-Programms

PL/1-FORMAC läuft unter den Betriebssystemen OS/MFT oder MVT, wobei ein Programmbereich von mindestens 150K Bytes benötigt wird (sinnvoll sind für kleine Programme 160K, für mittlere 200K und für große 300K und mehr).
Ein Problemprogramm wird in vier Schritten verarbeitet.
(1) Sein Text wird vom FORMAC-Preprocessor in ein PL/1-Quellprogramm umgewandelt, in dem u. a. für die spezifischen FORMAC-Anweisungen (z.B. zur analytischen Differentiation) Aufrufe der entsprechenden FORMAC-Interpreterroutinen eingesetzt werden. Nach dem PL/1-Compilerlauf (2) werden alle externen Referenzen durch den Programmverbinder gelöst, wobei alle Routinen des FORMAC-Interpreters und die notwendigen Laufzeitroutinen dazu verbunden werden (3). Der so erzeugte Lademodul wird anschließend ausgeführt (4).

Zur Gesamtdarstellung soll das nachfolgende Schema dienen, in dem noch die entsprechenden Dateinamen angegeben sind.

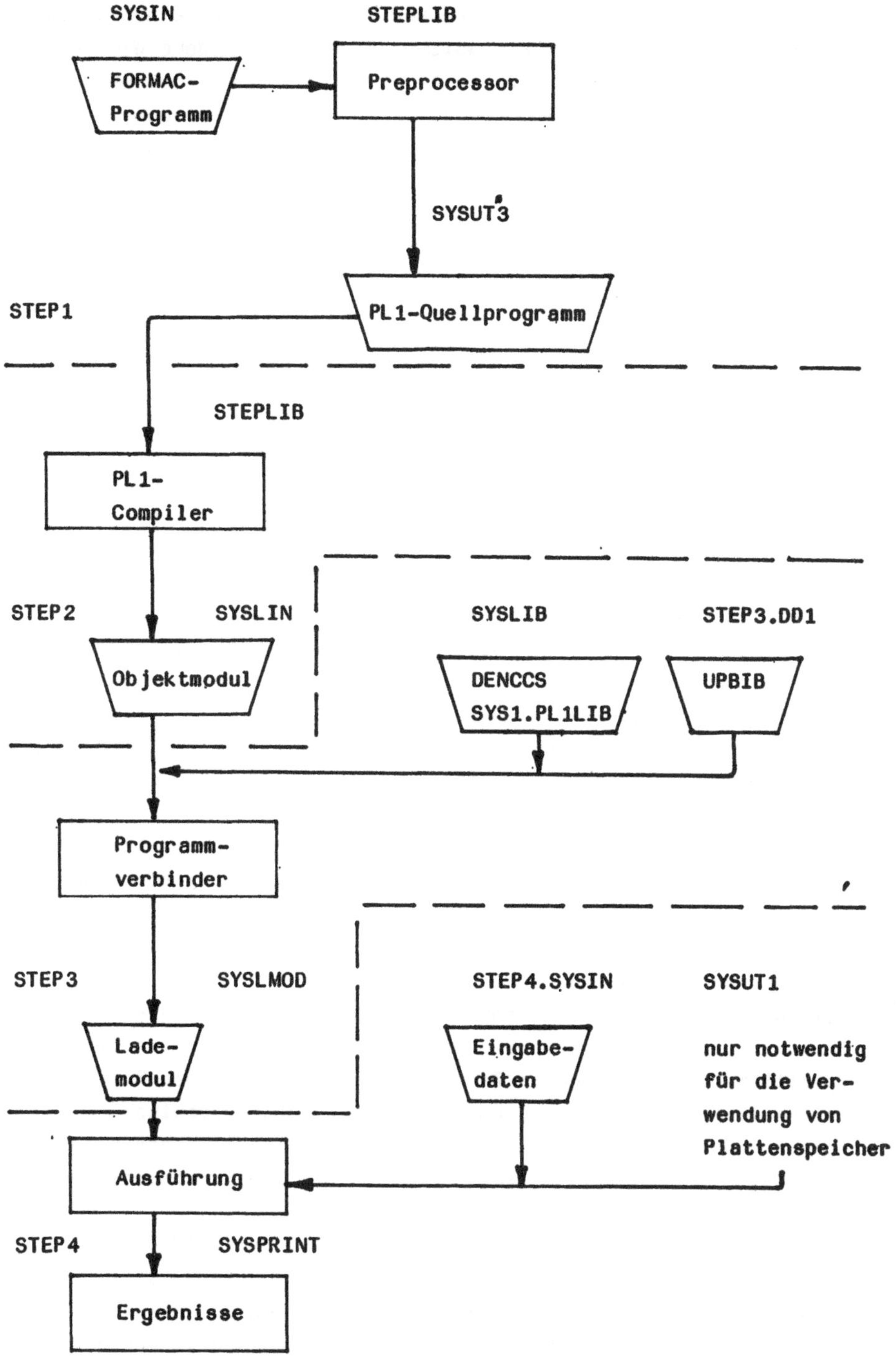

2.3. Grundstrukturen von FORMAC

In diesem Kapitel sollen einige für das Verständnis der in den weiteren Kapiteln angegebenen Algorithmen und FORMAC-Programme notwendige Grundlagen erläutert werden. Wir wollen dabei insbesondere die Grundstrukturen von FORMAC (Daten, Variable, Wirkung von Ergibtanweisungen) kurz besprechen und auf einige FORMAC-Grundfunktionen eingehen. Gleichfalls werden wir uns mit einigen Möglichkeiten der Verwendung von PL/1-Daten in der FORMAC-Umgebung beschäftigen.

2.3.1. Datentypen

2.3.1.1. Konstanten

Es gibt vier Arten von FORMAC-Konstanten, Gleitkommakonstanten, ganzzahlige und rationale sowie Systemkonstanten.

- Gleitkommakonstanten werden extern durch maximal neun Dezimalziffern mit einem Dezimalpunkt, wahlweise gefolgt von einem dezimalen Exponenten, dargestellt. Ihr Wertebereich liegt etwa zwischen $5.4*10^{-79}$ und $7.2*10^{75}$.
  Beispiele: .0032, 6.0, 1.263E23, .123456789E-7, 4E3
  Im Gegensatz zu PL/1 sind .0032 und 6.0 in FORMAC Gleitkommakonstanten. Man beachte auch, daß der Dezimalpunkt fehlen darf, wenn ein Exponent folgt (4E3 = 4000.).
  Intern werden Gleitkommakonstanten mit langer Mantisse dargestellt, und alle arithmetischen Operationen mit Gleitkommazahlen werden mit doppelter Genauigkeit ausgeführt.
- Ganzzahlige Konstanten werden durch maximal 2295 dezimale Ziffern dargestellt. Ihre arithmetische Verknüpfung mit Gleitkommazahlen ergibt stets Gleitkommawerte. Während die Operationen +, -, * und ** nicht aus den ganzen Zahlen herausführen, ist das Ergebnis der Division von ganzen Zahlen i.a. rational.
- Rationale Zahlen werden extern in FORMAC-Ergibtanweisungen in der Form a/b dargestellt, wobei a und b ganze Zahlen sind. Arithmetische Operationen mit rationalen Zahlen werden mittels einer Rationalarithmetik ausgeführt und führen auf rationale Ergebnisse, die stets gekürzt sind. Teilt der Nenner den Zähler, ist das Resultat ganzzahlig. Arithmetische Verknüpfungen mit Gleitkommakonstanten führen wieder auf Gleitkommakonstanten.
  Beispiel: LET(A=1/6+1/3; B=7.3*A; C=8*6/12; D=8*7/12);
  liefert A:=1/2, B:=3.65, C:=4 und D:=14/3 .
  Hinweis: Durch die Angabe gewisser Optionen können rationale Zahlen auch in der Form a+b/c mit $b < c$ dargestellt werden.

- Für Systemkonstanten sind drei Namen reserviert: #E, #P und #I. Diese Symbole werden in bestimmten Zusammenhängen vom System erkannt und bestimmten Transformationen unterworfen, die automatisch oder unter Nutzerkontrolle ablaufen. Diese Transformationen beziehen sich auf die Basis e des natürlichen Logarithmus, die Zahl π und die Zahl $i=\sqrt{-1}$, die durch die Systemkonstanten repräsentiert werden. Beispiele für automatische Transformationen:
  #I**2 wird zu -1, LOG(#E**X) wird zu X umgeformt.

Abschließend soll noch die folgende Regel angegeben werden:
Überall, wo das System ganzzahlige Werte verlangt (z.B. für Indizes, Argumente der Funktionen FAC und COMB oder die Ordnung von Ableitungen), werden rationale Zahlen bzw. Gleitkommawerte auf ganze Zahlen gerundet. Beispiele: 3.4 → 3, 3.5 → 4, -7/2 → -4, 3/2 → 2 .

2.3.1.2. Variable

FORMAC-Variable sind Variable, die in FORMAC-Anweisungen auftreten. Für ihre Bezeichnungen gelten die gleichen Regeln wie für die Bezeichnungen von PL/1-Variablen mit folgenden Einschränkungen:

- Es sind höchstens 8 Zeichen zulässig. Das Unterstreichungszeichen "_" ist verboten. Die Form DENxxx ist für FORMAC-Routinen reserviert.
- Bezeichnungen, die vom System erkannt werden (z.B. SIN,FAC,EVAL, #P, #F, #E), sind reserviert.
- FORMAC-Variable werden nicht deklariert.
- FORMAC-Variable können bis zu vier Indizes haben (z.B. A(3,1,2,4)).

Ein Index muß eine ganze FORMAC-Zahl oder ein FORMAC-Ausdruck sein, der zu einer ganzen Zahl ausgewertet wird. Der zulässige Bereich für Indizes reicht von -31622 bis 31622. Indizierte Variable werden ebenfalls nicht deklariert. Es werden auch keine Dimensionen vereinbart. Die Speicherplatzuordnung erfolgt erst zur Ausführungszeit, wobei gerade soviel Platz angefordert wird, wie für das jeweilige Feldelement benötigt wird. Wie bereits erwähnt, werden FORMAC-Variable klassifiziert als atomar oder nichtatomar. Eine atomare Variable, auch Atom genannt, hat keinen Wert zugewiesen bekommen, d.h., sie erscheint in keiner Ergibtanweisung auf der linken Seite. Der Wert eines Atoms ist seine Bezeichnung, ein Atom steht für sich selbst. Andererseits ist eine nichtatomare Variable eine Variable, der ein Wert zugewiesen wurde. Sie verkörpert einen Ausdruck.

2.3.2. Ausdrücke

FORMAC-Ausdrücke haben die gleiche Syntax wie PL/1-Ausdrücke. Sie werden gebildet aus FORMAC-Konstanten, FORMAC-Variablen, arithmetischen Operatoren, Funktionsaufrufen.
Sollen PL/1-Daten in FORMAC verwendet werden, so erfordert dies die Anwendung gewisser Transformationsfunktionen.
FORMAC-Variable und -Konstanten werden mittels der Operatoren +, -, *, / und ** verknüpft. Die Reihenfolge ihrer Abarbeitung wird explizit durch runde Klammern bzw. implizit durch die üblichen Vorrangregeln der Operatoren festgelegt.
Gleichrangige Operatoren werden von links nach rechts abgearbeitet.
Beispiele: B+C**D*E ist äquivalent zu B+((C**D)*E),
B/(C+D)*E ist äquivalent zu (B/(C+D))*E,
A**B**C hat die Bedeutung $(A^B)^C$.

2.3.3. Ergibtanweisungen

FORMAC-Ergibtanweisungen haben analog zu PL/1 die Form

fmcergibtanw::=fmcvariable=fmcausdruck

Um FORMAC-Ergibtanweisungen von denen in PL/1 zu unterscheiden, werden sie speziell gekennzeichnet, in der Regel durch LET. Wir bezeichnen derartig markierte FORMAC-Anweisungen auch als LET-Anweisungen mit der Syntax letanweisung::=LET(fmc-ergibtanw [;fmc-ergibtanw]...);
Eine LET-Anweisung kann mehrere FORMAC-Ergibtanweisungen enthalten. Zur Wirkung von Ergibtanweisungen genügt zunächst die Bemerkung, daß eine FORMAC-Ergibtanweisung ausgeführt wird, indem jede in dem rechtsstehenden Ausdruck enthaltene nichtatomare Variable durch ihren Wert ersetzt wird. Die Ersetzung aller dieser nichtatomaren Variablen bedeutet die Auswertung des Ausdrucks. Dazu werden folgende Beispiele betrachtet:

(1) LET(A=B+C;B=X*Y;E=A+E);

(2) LET(B=X*X;A=B+C;E=A+B);

Nach Ausführung von (1) hat A den aktuellen Wert B+C, B:=XY und daher E:= B+C+XY. Insbesondere ist zu beachten, daß der aktuelle Wert von A durch die nachfolgende Wertzuweisung an B nicht beeinflußt wird, d.h., der Wert von B, also XY, wird nicht in A rücksubstituiert. Bezüglich des mit A bezeichneten Ausdrucks bleibt folglich B eine atomare Variable.
Nach Ausführung von (2) haben B und A die aktuellen Werte XY bzw. XY+C, so daß E := 2XY+C folgt.
Wie bereits erwähnt, wird bei der Auswertung von FORMAC-Ausdrücken eine automatische, d.h. vom Nutzer nicht bzw. nur sehr begrenzt steuerbare Vereinfachung vorgenommen. Wir wollen hier nur einige dieser Vereinfachungen angeben, die vollständige Liste ist im Nutzerhandbuch enthalten.

Es sei n eine natürliche Zahl, A, B, C, D seien beliebige FORMAC-Ausdrücke. Links wird der zu vereinfachende Ausdruck, rechts das Resultat der Vereinfachung angegeben.

ATAN(-A)	-ATAN(A)
ATAN(0)	0
COS(-A)	COS(A)
COS(0)	1
#E**LOG(A)	A
LOG(#E)	1
(ABC)	A B C
1^A	1
0^0	Fehler
0^{-A}	Fehler
0^A	0
A^0	1
$(-A)^n$	A^n, n gerade $-A^n$, n ungerade
$(A+B+C)^n$	$A^n + nA^{n-1}B + \ldots$.
$LOG(A^B)$	B LOG(A)
LOG(ABC)	LOG(A)+LOG(B)+LOG(C)
LOG(0)	Fehler
-(A+B+C)	(-A)+(-B)+(-C)
-(-A)	A
A-2A	-A
SIN(#P)	0
COS(#P)	-1
SIN(n#P)	0 (n=2,3,4,5,...)
COS(n#P)	1 (n=2,4,6,8,...)
COS(n#P)	-1 (n=3,5,7,9,...)
(A+B)+(C+D)	A+B+C+D
A+2A	3A
A+B+0	A+B
A+0	A
AB0	0
A*1	A
A*A	A
(AB)(CD)	ABCD
A(B+C)	AB+AC

2.3.4. Funktionen

Es gibt verschiedene Arten von Funktionen, die FORMAC-Ausdrücke als Argumente haben und in FORMAC-Ausdrücken auftreten dürfen, PL/1-ähnliche Funktionen, ganzzahligwertige Funktionen, nutzerdefinierte Funktionen, Funktionsvariable und F-Prozeduren.

PL/1-ähnliche Funktionen:

Es können folgende Funktionen, die in PL/1 numerische Argumente haben müssen, auch mit symbolischen Argumenten auch in FORMAC-Ausdrücken benutzt werden:

SIN(X)	ATAN(X)	LOG10(X)
COS(X)	ATANH(X)	LOG2(X)
SINH(X)	ATAN(X,Y)	ERF(X)
COSH(X)	LOG(X)	

X und Y stehen für beliebige FORMAC-Ausdrücke.

Diese Funktionen können mit ihren ausgewerteten Argumenten während der Ausführungszeit in ihrem symbolischen Charakter erhalten bleiben. Wirkt die FORMAC-Option TRANS, werden die oben aufgeführten Funktionen zu einer Gleitkommazahl ausgewertet, sofern Argumente zu einem Zahlenwert (Gleitkomma, ganz oder rational) ausgewertet wurden. Außerdem werden gleichzeitig bestimmte Transformationen (z.B. SIN(#P/6)⟶1/2) automatisch bei eingeschalteter TRANS-Option ausgeführt. Ist TRANS-Option ausgeschaltet, d.h. NOTRANS aktiv, so bleiben die Ausdrücke in ihrem symbolischen Charakter, auch bei numerischen Argumenten, erhalten.

```
Beispiel:  LET(A=LOG(X**2)+SIN(3/4));    liefert
           A: =LOG(X) + .68163876 bei TRANS und
           A: =LOG(X) + SIN(3/4) bei NOTRANS.
```

Außer den angegebenen Funktionen sind die nachfolgend genannten verfügbar, die wie folgt definiert sind:

```
EXP(X)  = #E**X                TAND(X) =  SIN(1/180*#P*X)/COS(1/180*#P*X)
SQRT(X) = X**(1/2)             TANH(X) =  SINH(X)/COSH(X)
SIND(X) = SIN(1/180*#P*X)      ATAND(X)=  180*ATAN(X)/#P
COSD(X) = COS(1/180*#P*X)      ATAND(X,Y) =  180*ATAN(X,Y)/#P
TAN(X)  = SIN(X)/COS(X)        ERFC(X) = 1-ERF(X)
```

Ganzzahligwertige FORMAC-Funktionen:

Die Funktionen FAC und COMB, die wie folgt definiert sind:

$$FAC(n) := n! ,$$

$$COMB(n,n_1,n_2,\dots,n_k) := \frac{n(n-1)\dots(n-n_1-\dots-n_k+1)}{n_1!\, n_2! \dots n_k!}$$

können in FORMAC-Ausdrücken mit symbolischen Argumenten benutzt werden. Ist die INT-Option eingeschaltet, so werden FAC und COMB zu einer ganzen Zahl ausgewertet, sofern ihre Argumente zu nichtnegativen Zahlen (rationale Argumente und Gleitkommaargumente werden zur nächsten ganzen Zahl gerundet) ausgewertet wurden. Negative Argumentwerte sind unzulässig. Bei ausgeschalteter INT-Option bleiben FAC und COMB mit ihren ausgewerteten Argumenten in ihrem symbolischen Charakter erhalten.

Beispiel: LET(X=FAC(5); Y=COMB(5,2)); liefert
X :=120 und Y :=10 bei aktiver INT-Option und
X :=5! bzw. Y :=(5;2) bei aktiver NOINT-Option.

Die STEP-Funktion hat das Format STEP(e1,e2,e3). Wenn die FORMAC-Ausdrücke e1, e2, e3 zu Zahlen ausgewertet werden, so ist die STEP-Funktion wie folgt definiert:

$$STEP(e_1,e_2,e_3) := \begin{cases} 1, \text{ wenn } e_1<e_2<e_3 \text{ oder } e_1=e_2=e_3 \\ 0, \text{ sonst.} \end{cases}$$

Wurde einer der Ausdrücke e_1, e_2 oder e_3 nicht zu einer Zahl ausgewertet, dann bleibt die STEP-Funktion mit ihrem ausgewerteten Argumenten in ihrem symbolischen Charakter erhalten. Die STEP-Funktion wird zum Spezifizieren eines einzelnen Ausdrucks über einem beliebigen Intervall, der unter Umständen in Teilintervallen unterschiedliche analytische Definitionen besitzt, benutzt. Als Beispiel betrachten wir dazu die folgende Funktion und ihre Beschreibung mittels der STEP-Funktion:

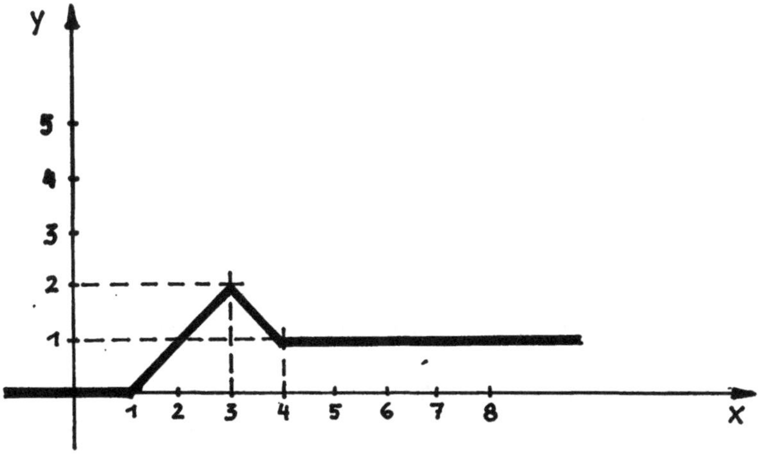

LET(Y=STEP(1,X,3)*(X-1)+STEP(3,X,4)*(-X+5)+STEP(4,X,8));

Funktionsvariable, nutzerdefinierte Funktionen und F-Prozeduren werden wir erst später behandeln.
Es wurde bereits darauf hingewiesen, daß der Nutzer von FORMAC die Möglichkeit hat, durch gewisse Optionen einige Funktionen der Vereinfachung und auch der Ausgabe der Ergebnisse zu beeinflussen.
FORMAC-Optionen werden entweder standardmäßig durch das System oder durch OPTSET-Anweisungen gesetzt. Diese haben die Form

OPTSET($option_1$;$option_2$;...$option_n$);

und bewirken Folgendes:
Die Optionen, die als Argumente angegeben sind, werden eingeschaltet. Die Setzungen der Optionen sind für alle Prozeduren eines Jobs gültig. Eine einmal eingeschaltete Option bleibt wirksam, solange nicht eine OPTSET-Anweisung ausgeführt wird, die ihren Status verändert.

2.3.5. Optionen und ihre Wirkung

In der folgenden Liste sind alle FORMAC-Optionen aufgeführt, wobei die vom System standardmäßig gesetzten Optionen unterstrichen wurden:

1. <u>TRANS</u> , NOTRANS
2. <u>INT</u> , NOINT
3. EXPND , <u>NOEXPND</u>
4. <u>EDIT</u> , NOEDIT
5. PROPER , <u>IMPROPER</u>
6. LINELENGTH=xxx , xxx=<u>120</u>

Zu 1: TRANS veranlaßt die Auswertung der transzendenten Funktionen (SIN, LOG, ERF usw.), falls ihre Argumente zu numerischen Konstanten ausgewertet wurden.
NOTRANS erhält die transzendenten Funktionen als Symbolketten, auch wenn ihre Argumente die zahlenmäßige Auswertung erlauben würden (z.B. bleiben SIN(#P/6) und LOG(3) als Symbolketten erhalten, wenn die NOTRANS-Option aktiv ist).

Zu 2: INT veranlaßt die Auswertung der FORMAC-Funktionen FAC, COMB und STEP zu ganzen Zahlen, wenn ihre Argumente numerische Konstanten sind (z.B. FAC(3) ⟶ 6, COMB(5,3) ⟶ 10).
NOINT unterdrückt die zahlenmäßige Auswertung der FORMAC-integer-Funktionen FAC, COMB und STEP und erhält ihren Symbolcharakter, auch wenn ihre Argumente eine Auswertung zu ganzen Zahlen gestatteten.

Zu 3: EXPND bewirkt, daß während der Auswertung von Ausdrücken das Multinomial- und das Distributivgesetz angewandt werden. NOEXPND unterdrückt diesen Effekt.

Die folgenden Optionen beziehen sich auf das Format der FORMAC-Ausgabe.

Zu 4: EDIT paßt die Ausgabe an die übliche mathematische Notation an (Sterne weglassen, Hochstellen der Exponenten usw.). NOEDIT bewirkt bei der Ausgabe eine Anpassung an das von FORMAC geforderte Eingabeformat. Z.B. liefert die Ausführung von

```
PRINT_OUT (A=B/C);
```

bei eingeschalteter NOEDIT-Option den Druck der Zeile

```
A = B * C** (-1)
```

Zu 5: PROPER veranlaßt, daß die Ausgabe aller rationalen Zahlen in der Form a + b/c (b<c) geschieht (z.B. wird 7/6 als 1 + 1/6 und 5/6 als 5/6 gedrückt).

Zu 6: LINELENGTH = xxx beschränkt die FORMAC-Ausgabe auf Zeilen, die nicht breiter als xxx Zeichen sind:
Wurde keine Zeilenlänge spezifiziert, dann wird die volle Druckerbreite benutzt (120 Zeichen).

Außer den oben beschriebenen Optionen gibt es noch das Paar PRINT, NOPRINT. Die Wirkung dieser Auswahlbedingungen hängt von der physischen Stellung der entsprechenden OPTSET-Anweisungen im Quelltext ab. Die Anweisung OPTSET (PRINT); bewirkt, daß alle im Programm folgenden LET-Anweisungen in PRINT_OUT-Anweisungen umgewandelt werden, solange, bis die Anweisung OPTSET(NOPRINT); erscheint, die die PRINT-Option ausschaltet. Damit hat der Nutzer die Möglichkeit, alle Ergibtanweisungen in bestimmten Programmabschnitten zu protokollieren.

Bemerkung: In OPTSET-Anweisungen, in denen PRINT oder NOPRINT gesetzt wird, dürfen keine weiteren Optionen enthalten sein.

2.3.6. Ausgabeanweisungen

Neben den Möglichkeiten der Ausgabe, die PL/1 bietet, besitzt FORMAC selbst die Möglichkeit der Ausgabe von FORMAC-Daten (nicht aber von PL/1-Daten).

Die PRINT_OUT-Anweisung dient zur Druckausgabe des Wertes von FORMAC-Variablen.

Beispiel:

```
LET(X = A** 5 + SIN(3 * A)** 2 + 2/3);
PRINT_OUT(X);
```

veranlaßt die Ausgabe von

$$X = A^5 + SIN^2(3A) + 2/3 .$$

Man beachte die hochgestellten Exponenten und die Unterdrückung der Multiplikationssterne in Übereinstimmung mit der üblichen mathematischen Notation. Es gibt noch andere Merkmale der PRINT_OUT-Anweisung, die mit

Hilfe der OPTSET-Anweisung der Nutzersteuerung unterliegen.

Regeln:

- Der Wert einer atomaren Variablen wird dargestellt als leere Zeichenkette. Ist z.B. X ein Atom, so bewirkt die Ausführung von
  PRINT_OUT(X);
  die Ausgabe der Zeile
  X =
- Gleitpunktzahlen werden mit höchstens neun signifikanten Ziffern und dem Dezimalpunkt ausgegeben. Die 'E' - Schreibweise wird für Zahlen benutzt, die außerhalb des Intervalls (10^{-2}: 10^{6}) liegen. Ganze und rationale Zahlen werden vollständig ausgegeben (bis zu 2295 Ziffern bei Brüchen in Zähler und Nenner, wobei Zähler und Nenner durch einen Schrägstrich getrennt werden).
- Das Schlüsselwort 'LET' darf durch 'PRINT_OUT' ersetzt werden. Zum Beispiel: PRINT_OUT(A = B+C; D = SIN(X));
  hat die gleiche Wirkung wie

```
LET (A = B+C); PRINT_OUT (A);
LET (D = SIN(X)); PRINT_OUT(D).
```

2.3.7. PL/1 - Daten in FORMAC

Als letztes spezifisches Element wollen wir die Verwendung von PL/1-Daten in dieser Umgebung besprechen. Dies ist eine recht häufige Anwendungsform, insbesondere zur Eingabe von FORMAC-Ausdrücken und zur Programmierung von Zyklen, bei denen die PL/1-Laufvariable in FORMAC-Ausdrücken verwendet werden soll.

2.3.7.1. Verwendung numerischer Daten

Hierzu werden vorteilhafterweise die Anweisungen FIXEDA und FLOATA verwendet. Beide Anweisungen können eine oder mehrere Ergibtanweisungen als Argument haben.

Format: FIXEDA (fvar = pvar [;fvar=pvar]...);
FLOATA (fvar = pvar [;fvar=pvar]...);

Wirkung: FIXEDA rundet den Wert der numerischen PL/1-Variablen pvar auf eine ganze Zahl, die der FORMAC-Variablen fvar als Wert zugewiesen wird.
Bei FLOATA wird der Wert von pvar zu BIN FLOAT(53) konvertiert und fvar zugewiesen.
Der Wert von pvar bleibt in jedem Fall erhalten.

Um in Problemprogrammen Zyklen zu programmieren, wird eine Struktur empfohlen, die an folgendem Beispiel demonstriert werden soll.

Beispiel:
```
DO I=1 TO N; FIXEDA(I=I);
.
.
.
LET(A(I) = X(3*I) + I);
.
.
.
END;
```

2.3.7.2. Verwendung symbolischer Ausdrücke

Diese Variante ist insbesondere dann nötig, wenn zur Laufzeit FORMAC-Ausdrücke eingelesen werden sollen. Dazu ist prinzipiell folgendes Schema anzuwenden:

1) Deklaration einer hinreichend langen PL/1-Zeichenkettenvariablen.
2) Darstellung des einzulesenden Ausdruckes als Zeichenkette, Einlesen dieser Zeichenkette unter gleichzeitiger Zuweisung an die in 1) vereinbarte Zeichenkettenvariable.
3) Transformation der Zeichenkettenvariable in eine FORMAC-Variable.

Hierzu wird sinnvollerweise die Anweisung CET verwendet; diese hat die Form

```
CET(fmc-variable = zk-variable
        [;fmc-variable = zk-variable] ...);
```

fmc-variable und zk-variable sind hierbei FORMAC-Variable bzw. PL/1-Zeichenkettenvariable.

Die Wirkung besteht darin, daß die Zeichenkettenvariable in einen FORMAC-Ausdruck umgewandelt und der FORMAC-Variablen zugewiesen wird.

So sei z.B. gegeben:

```
DCL ZK CHAR(80) VAR;
ZK='DERIV(Y,X,N)';
CET (FN=ZK);
```

Damit hat anschließend FN den Wert DERIV(Y,X,N), die Wirkung ist also die gleiche, als hätten wir

```
LET(FN=DERIV(Y,X,N));
```

geschrieben.

2.3.8. Verwendung von FORMAC-Daten in der PL/1-Umgebung

Es wurde bereits darauf hingewiesen, daß es gleichfalls möglich ist, Daten von FORMAC in PL/1 zu benutzen; dies erfordert die Anwendung gewisser Transformationsfunktionen. Wir wollen hier nun einige wenige dieser Möglichkeiten erwähnen und verweisen für eine umfassende Darstellung auf das FORMAC-Handbuch /13/.
Von Bedeutung sind zunächst die Möglichkeiten der Verwendung numerischer Werte von FORMAC in PL/1.
Dazu dienen die Funktionen

INTEGER(fmc-variable) und ARITH(fmc-variable).

fmc-variable ist dabei eine FORMAC-Variable, die als Wert eine FORMAC-Zahl haben muß (Gleitpunktzahl, ganze Zahl, rationale Zahl).
INTEGER wandelt sein Argument in eine PL/1-Zahl vom Typ BIN FIXED(31,0) um. ARITH erzeugt eine doppelt genaue Gleitpunktzahl.
Beispiel: Es seien die FORMAC-Variablen A,B,C mit den Werten 4, 5.2, 11/4 belegt.

```
X=INTEGER(A)+INTEGER(B)+INTEGER(C);
Y=ARITH(A)+ARITH(B)+ARITH(C);    bewirkt dann:
X := 4+5+3=12 ,
Y := 1.195E01 .
```

3. Anwendung von FORMAC auf typische Ausdrucksklassen

Im Folgenden werden wir zunächst Polynome und rationale Funktionen betrachten und dabei einige grundsätzliche Aufgabenstellungen für diese Ausdrucksklassen behandeln und dabei, ausgehend von der Aufgabenstellung und dem Algorithmus, die nötigen sprachlichen Mittel von FORMAC systematisch zusammentragen und ergänzen.
Die Algorithmen werden in einer ALGOL-ähnlichen Notation dargestellt und tragen prozeduralen Charakter.
Wesentliche Elemente sind dabei:
- die Anweisung (in der Regel als Wertzuweisung ... := ... oder in verbaler Form als allgemeine Handlungsvorschrift)
- die Verbundanweisung: <u>do</u> ... <u>end</u>
- bedingte Anweisung: <u>if</u> ... <u>then</u> ... <u>else</u> ...
- Laufanweisung: <u>for</u> ... <u>to</u> ...[<u>step</u> ...]<u>do</u> ... <u>end</u>
- Abweisschleife: <u>while</u> (bedingung) <u>do</u> ... <u>end</u>
- Die Anwendung von Teilalgorithmen wird teils verbal beschrieben, teils durch Aufruf von Prozeduren und entsprechende Parameterangabe verdeutlicht
- <u>return</u> -Anweisung: <u>return</u> (...) kennzeichnet die Rückgabewerte (Ergebnisse) der Algorithmen und den Austritt aus dem Algorithmus
- Sprunganweisung: <u>goto</u> ...
- Kommentare werden in geschweifte Klammern eingeschlossen

Ferner werden wir die folgenden algorithmischen Operatoren verwenden, die im Sinne der Durchführung komplexer Operationen (Teilalgorithmen) zu verstehen sind:

Notation	Wirkung
deg(A)	Grad des Polynoms A bezüglich der Hauptvariablen
lc(A)	führender Koeffizient des Polynoms A bezüglich der Hauptvariablen
cont(A)	Inhalt des Polynoms A, d.h. größter gemeinsamer Teiler aller Koeffizienten von A

res(A,B,x)	Resultante der Polynome A und B bezüglich der Variablen x
pquo(A,B)	Pseudoquotient der Polynome A und B, d.h. ganzer Teil der Pseudodivision von A durch B
prem(A,B)	Rest der Pseudodivision (Pseudorest)
quotient(A,B)	ganzer Teil der Division von A durch B
rem(A,B)	Rest der Division von A durch B
coeff(A,b)	Koeffizient von b im Ausdruck A
eval(A,x,a)	Im Ausdruck A wird der Teilausdruck x durch den Ausdruck a ersetzt (Substitution)

Für einige dieser algorithmischen Operatoren finden wir Operatoren in FORMAC vor, andere müssen vom Nutzer durch Unterprogramme realisiert werden.
Später lösen wir uns von der Orientierung an Ausdrucksklassen, wir werden uns dann an der Problemstellung orientieren unabhängig von der Struktur der verwendeten Ausdrücke. So werden wir Aufgaben finden, die wir durchaus auch bei der Polynomarithmetik oder bei den rationalen Funktionen einordnen könnten. Wir finden dort aber auch allgemeine Ausdrucksklassen und noch nicht benutzte Datenstrukturen. Dabei werden wir in dem zur Lösung der dort behandelten Probleme nötigen Maße weitere Sprachelemente von FORMAC besprechen.
Wir werden dann auch nicht mehr in jedem Falle die strenge Gliederung

- Aufgabenstellung
- Herleitung des Algorithmus
- formale Beschreibung
- Programm

einhalten. Oftmals werden wir lediglich das Problem formulieren, einige grundsätzliche Hinweise zur Lösung geben und dann sofort das FORMAC-Programm anbieten.

3.1. Polynomarithmetik

Polynome haben sowohl in theoretischer als auch in praktischer Hinsicht eine große Bedeutung. Darüber hinaus können wir im Sinne einer algebraischen Hierarchie die Polynome als 'einfachste' Ausdrücke auffassen. Wir werden uns vorerst mit einigen Anwendungen und typischen Operationen sowie Algorithmen der Polynommanipulation beschäftigen. Zunächst wollen wir kurz einige grundlegende Definitionen, Eigenschaften und Begriffe angeben.

Sei R ein Integritätsbereich, x ein über R transzendentes Element (wir können x auch als erzeugendes Element einer unendlichen zyklischen Halbgruppe $S=\{e,x,x^2,x^3,\ldots\}$ auffassen).

Wir nennen dann eine endliche Linearkombination der Form

$$P_n(x) = a_n x^n + a_{n-1} x^{n-1} + \ldots + a_1 x + a_0 \qquad (3)$$

mit $a_i \in R$

ein Polynom (über R) in der Variablen x.

Die Menge aller Polynome über R bildet den Ring der Polynome R[x].

Wir bezeichnen den Übergang von R zu R[x] als (Ring)-Adjunktion einer Variablen x. Durch sukzessive Adjunktion mehrerer Variabler $x_1,\ldots,x_n$ entsteht $R[x_1][x_2]\ldots[x_n] = R[x_1,\ldots,x_n]$, der Ring der Polynome in den Unbestimmten $x_1,\ldots,x_n$.

Wir wollen hier nur nochmals kurz folgenden bekannten Sachverhalt verdeutlichen:

Sei $P(x_1,\ldots,x_n) \in R[x_1,\ldots,x_n]$;

dann genügt P einer Darstellung der Form

$$P = \sum a_{\nu_1 \ldots \nu_n} x_1^{\nu_1} \ldots x_n^{\nu_n} \quad \text{mit } a_{\nu_1 \ldots \nu_n} \in R, \qquad (4)$$

andererseits läßt sich P darstellen als

$$P = \sum p_i x_n^i \quad \text{mit } p_i \in R[x_1,\ldots,x_{n-1}]. \qquad (5)$$

Die Darstellung nach (5) hat den Vorteil, daß sich die Darstellung und Verarbeitung von Polynomen mehrerer Veränderlicher rekursiv zurückführen läßt auf Polynome einer Variablen.

Damit gestattet (5) eine einheitliche Betrachtungsweise aller Polynome. Insbesondere in Formelmanipulationssystemen, die über gut ausgebaute rekursive Fähigkeiten verfügen, gestattet dies in der Regel eine einfache Implementation von Algorithmen.

Sei nun P(x) ein Polynom der Form (5); wir nennen dann die größte Zahl $n \in N$, für die gilt $p_n=0$, den Grad von P(x) und schreiben $n = \deg(P(x))$. Dieses p_n nennen wir führenden Koeffizient (oder auch Leitkoeffizient) und schreiben $p_n = lc(P(x))$. Die Variable x_n in der Darstellung (5) nennen wir Hauptvariable.

Es gilt nun:

1) Mit R ist auch R[x] ein Integritätsbereich.
2) Wenn R ein Ring ist, in dem eine eindeutige Primelementzerlegung existiert (ZPE-Ring), so ist auch R[x] ein ZPE-Ring.
3) Die Einheiten von R sind genau die Einheiten von R[x].
4) Wenn K ein Körper ist, so ist K[x] ein euklidischer Ring, d.h., in K[x] läßt sich ein Algorithmus für die Division mit Rest angeben.

Die Regeln für das Rechnen mit Polynomen (Addition, Subtraktion, Multiplikation) setzen wir als bekannt voraus.

Wir werden uns nachfolgend mit Polynomen befassen, deren Koeffizienten ganzzahlig bzw. rational sind, und dafür entsprechende Algorithmen angeben.

Im Sinne von FORMAC, d.h. unter dem Aspekt verfügbarer Manipulationsfunktionen und der Implementierung der Algorithmen, ist diese Trennung in ganzzahlige und rationale Koeffizienten unbedeutend, da dort automatisch der Übergang vom Ring der ganzen Zahlen Z zu Q erfolgt, wenn gewisse Operationen in Z nicht mehr ausführbar sind. (Dies bedeutet nichts anderes, als daß ständig in Q gerechnet wird, solange keine Systemkonstanten und Gleitpunktzahlen verwendet werden.)

Darüber hinaus sind aber auch Polynome verwendbar, in denen Gleitpunktzahlen und bzw. oder Systemkonstanten enthalten sind. Die Systemkonstanten #I und #E als spezielle komplexe bzw. reelle Zahlen bringen dabei keine algebraischen Probleme, da es möglich ist, diese als symbolische Größen zu verwenden und gewissermaßen wie Variable zu behandeln. Bei der Verwendung von Gleitpunktzahlen (GPZ) wird allerdings das algebraisch exakte Bild zerstört. Die Verwendung von GPZ in Ausdrücken (und damit auch in Polynomen) bewirkt den Übergang zur Gleitpunktarithmetik. Da die GPZ nichts anderes sind als eine Teilmenge der rationalen Zahlen in anderer Darstellung, treten sofort Fragen der Genauigkeit auf, also die üblichen Probleme in numerischen Rechnungen.

Somit sind, streng genommen, Polynome mit Gleitpunktzahlen als Koeffizienten gar keine Polynome im Sinne unserer Definition. Diese Feststellung hat aber nur theoretische Bedeutung. Im Sinne einer praktischen Nutzung von FORMAC ist sie bedeutungslos, wenn man von dem Aspekt der angedeuteten numerischen Probleme absieht. Die in FORMAC verfügbaren Sprachelemente zur Polynommanipulation sind ohne Einschränkung auf Polynome mit beliebigen Koeffizienten anwendbar. Ja mehr noch: Da als Variable in Polynomen auch nichtatomare Größen (also Ausdrücke, insbesondere auch transzendente Funktionen und rationale Ausdrücke) fungieren können, kann letztendlich jeder syntaktisch richtige FORMAC-Ausdruck als Polynom aufgefaßt und behandelt werden. Dies bedeutet, daß typische Polynommanipulationsfunktionen von FORMAC auf beliebige Ausdrücke angewendet werden können. So kann z.B. der Ausdruck

$$\sin^2(x) + \exp(x) + x^3 + y + z^2 + \mathrm{sqrt}(x)$$

aufgefaßt werden als Polynom in

- x mit dem Grad 3
- y mit dem Grad 1
- z mit dem Grad 2
- sin(x) mit dem Grad 2 .

Diese Möglichkeit ist mitunter recht günstig, insbesondere folgt daraus eine interessante Dialektik: Einerseits bilden Polynome die einfachste Ausdrucksklasse, andererseits aber auch die umfassendste. Um die zentrale Bedeutung der Polynommanipulation zu unterstreichen, wollen wir zunächst zwei Aufgabenstellungen und die zugehörigen Algorithmen angeben. Wir werden daraus einige typische Problemstellungen der Polynomarithmetik ableiten und die entsprechenden sowie weiterführende FORMAC-Sprachelemente und Algorithmen (nebst Programmen) angeben.
Daß wir das folgende Problem der Lösung von Anfangswertaufgaben in das Kapitel über Polynomarithmetik eingeordnet haben, ist vorrangig aus dem genannten Grund der Ableitung typischer Problemstellungen der Polynomarithmetik geschehen.

3.1.1. Näherungsweise Lösung von Anfangswertaufgaben

Nachfolgend werden ein Algorithmus und ein Programm zur iterativen Lösung von Differentialgleichungen $y'=f(x,y)$ beschrieben. Das Verfahren ist recht einfach, erfordert aber einen relativ hohen Rechenaufwand, der mit der Anzahl der Iterationsschritte weiter ansteigt. Es ist damit für Handrechnungen nicht sehr effektiv, bietet sich aber geradezu für automatisierte Lösungstechniken an.
Kern des Verfahrens ist der folgende Existenz- und Eindeutigkeitssatz:

Gegeben sei die explizite Differentialgleichung

$$y'(x) = f\ (x,y) \tag{6}$$

mit der Anfangsbedingung

$$y(x_0) = y_0. \tag{7}$$

Wenn es um den Punkt (x_0, y_0) eine abgeschlossene Umgebung

$B: |x - x_0| \leq a \qquad |y - y_0| \leq b$

gibt, in der $f(x,y)$ stetig und beschränkt ist,

$|f(x,y)| < M$ und einer Lipschitz-Bedingung

$|f(x,y_1) - f(x,y_2)| < A|y_1 - y_2|$ (A - positive Konstante)

genügt, dann gibt es genau eine Funktion $y = y(x)$, die die Differentialgleichung (6) unter der Anfangsbedingung (7) löst.

Der Beweis des Satzes liefert ein Verfahren zur angenäherten Lösung von (6), die Methode der sukzessiven Approximation oder Iterationsverfahren von PICARD-LINDELÖF. Auf den vollständigen Beweis soll hier verzichtet werden, es seien nur die Kerngedanken und der Algorithmus angegeben.

1. Es wird eine Anfangsnäherung $y_0(x)$ festgelegt, sinnvollerweise wird $y_0(x) = y_0 = y(x_0)$ gewählt.
2. Erzeugung von Näherungsfunktionen gemäß der Rekursionsformel

$$y_{n+1} := y_0 + \int f(x, y_n(x))\, dx, \qquad n = 0,1,2,... \tag{8}$$

Unter den gemachten Voraussetzungen konvergiert die Folge $\{y_n(x)\}$ für alle Werte x innerhalb des Intervalls $|x - x_0| < h$ gegen die eindeutige Lösung $y(x)$ von (6), wobei $h = \mathrm{Min}(a, b/M)$ und M eine obere Schranke für $|f(x,y)|$ bedeutet.

Beispiel:

Sei $y' = f(x,y) = x^2 - y^2$, $\quad x_0 = 0,\ y_0 = 0$.

Als Startnäherung verwenden wir $y_0 = 0$ und erhalten die Folge von Näherungslösungen

$$y_1(x) = 1/3 \cdot x^3,$$
$$y_2(x) = 1/3 \cdot x^3 - 1/63 \cdot x^7,$$
$$y_3(x) = 1/3 \cdot x^3 - 1/63 \cdot x^7 + 2/2079 \cdot x^{11} - 1/59535 \cdot x^{15}.$$

Bemerkung zu den Voraussetzungen des Verfahrens:

Wenn wir die genannte Lipschitz-Bedingung als

$$\left| \frac{f(x,y_1) - f(x,y_2)}{y_1 - y_2} \right| < A$$

schreiben, so bedeutet dies, daß in der Umgebung B der Differenzenquotient von $f(x,y)$ bzgl. y beschränkt sein muß.

Man kann in den meisten Fällen die Lipschitz-Bedingung durch die stärkere und meist besser nachprüfbare Voraussetzung der Existenz und Beschränktheit der partiellen Ableitung

ersetzen: $\left| \dfrac{\partial f(x,y)}{\partial y} \right| < A$.

Wie man sich leicht überzeugt, ist für das angegebene Beispiel $f(x,y) = x^2 - y^2$ stetig in der gesamten (x,y)-Ebene. f ist dort auch beschränkt und hat eine beschränkte partielle Ableitung. Es wird offensichtlich: Wenn die gegebene Funktion $y' = f(x,y)$ ein ganz-rationaler Ausdruck in x und y mit rationalen Koeffizienten ist, so ergibt sich als Näherungsfolge $\{y_n(x)\}$ eine Folge von endlichen Potenzreihen in x (also von Polynomen) mit rationalen Koeffizienten.
Ist f(x,y) hingegen eine kompliziertere Funktion, etwa eine transzendente Funktion, so ist es möglich, daß die zur Konstruktion der Näherungslösung notwendigen Integrale nicht mehr geschlossen darstellbar sind.
Das vorgestellte Näherungsverfahren ist dann besonders sinnvoll, wenn es gelingt, aus den Näherungslösungen Rückschlüsse auf die exakte Lösung zu ziehen, wie etwa bei

$$y' = 2xy \quad , \quad y(0) = 1 \quad ; \text{ wir erhalten}$$
$$y_1(x) = 1 + x^2 \quad ,$$
$$y_2(x) = 1 + x^2 + x/2^4 + x/6^6 \; .$$

Durch vollständige Induktion läßt sich zeigen, daß

$$y_n(x) = \sum_{i=0}^{n} (x^2)^i/i! \quad \text{gilt.}$$

Damit ergibt sich als Lösung

$$y(x) = \sum_{i=0}^{\infty} (x^2)^i/i! = e^{x^2} .$$

Bei dem nachfolgend angegebenen Algorithmus und dem zugehörigen FORMAC-Programm wurde nur die Konstruktion der Näherungslösung, und diese wiederum nur für Polynome in x und y, realisiert. Die notwendigen Voraussetzungen werden als erfüllt angenommen.

Algorithmus PICARD

Eingabe: $y' = f(x,y)$, $y(x_0) = y_0$, $n \in N$
Ausgabe: Näherungslösung y_n nach

$$y_{i+1} := y_0 + \int f(t,y_i)\,dt \quad \text{für } i = 1(1)\,n$$

Algorithmus:

```
for i:= 0 to n-1 do
    ef   := eval(f,y,y_i)        { Substitution }
    if   := ∫ ef dx              { Integration }
    y_i+1 := y_0 + if - eval(if,x,x_0)
end
return(y_n)
```

Das hierzu gehörende FORMAC-Programm geben wir weiter hinten an, ebenso die zu den nächsten beiden Beispielen gehörenden Programme.
Es ist nun offensichtlich, daß die hier beschriebene Vorgehensweise der sukzessiven Approximation auch für Differentialgleichungssysteme anwendbar ist. Wir wollen das hier nur kurz andeuten:
Sei das System

$$\begin{aligned}\frac{dy_1}{dx} &= f_1(x,y_1,\ldots,y_n),\; y_1(0) = y_{10}\\ &\ldots\\ \frac{dy_n}{dx} &= f_n(x,y_1,\ldots,y_n),\; y_n(0) = y_{n0}\end{aligned} \tag{9}$$

gegeben.
Integration der einzelnen Gleichungen von (9) ergibt

$$\begin{aligned} y_1(x) &:= y_{10} + \int f\,(x,y_1,\ldots,y_n)\,dx\\ &\ldots\\ y_n(x) &:= y_{n0} + \int f\,(x,y_1,\ldots,y_n)\,dx\,. \end{aligned} \tag{10}$$

In Analogie zu (8) ergibt sich hieraus das Approximationsschema

$$\begin{aligned} y_1^{(m+1)} &:= y_{10} + \int_0^x f\,(x,y_1^{(m)},\ldots,y_n^{(m)})\,dx\\ y_n^{(m+1)} &:= y_{n0} + \int_0^x f\,(x,y_1^{(m)},\ldots,y_n^{(m)})\,dx\,. \end{aligned} \tag{11}$$

Auf die Angabe notwendiger und hinreichender Bedingungen für die Konvergenz von (11) wollen wir hier verzichten.
Der zugehörige Algorithmus ergibt sich leicht durch Verallgemeinerung des Algorithmus PICARD; dies gilt gleichermaßen für das FORMAC-Programm.

Als weiteres Beispiel zur Polynomarithmetik wenden wir uns nun der Aufgabe zu, Interpolationspolynome herzuleiten.

3.1.2. Bestimmung von Interpolationspolynomen

Die Aufgabe besteht darin, ein Polynom n-ten Grades $L_n(x)$ zu bestimmen, so daß $L_n(x)$ an n+1 vorgegebenen Stellen $x_0, x_1, \ldots, x_n$ n+1 vorgegebene Werte $y_0, y_1, \ldots, y_n$ annimmt, d.h. $L_n(x_i) = y_i$ für $i = 0(1)n$.
Es gibt nun höchstens ein derartiges Polynom $L_n(x)$, denn zwei Polynome vom Grade n, deren Werte an n+1 Stellen übereinstimmen, sind einander gleich, da ihre Differenz n+1 Nullstellen hat und höchstens vom Grade n ist. Andererseits gibt es immer ein derartiges Polynom $L_n(x)$, nämlich

$$L_n(x) = \sum_{i=0}^{n} \frac{y_i(x-x_0)\ldots(x-x_{i-1})(x-x_{i+1})\ldots(x-x_n)}{(x_i-x_0)\ldots(x_i-x_{i-1})(x_i-x_{i+1})\ldots(x_i-x_n)} \qquad (12)$$

(Interpolationspolynom nach Lagrange).
In der Praxis vermeidet man es wegen der relativ umständlichen Rechnungen oft, Interpolationspolynome explizit herzuleiten, sondern verwendet diese in der Regel, um für die durch die Wertepaare (x_i, y_i) $i=0(1)n$ definierte Funktion f Zwischenwerte zu interpolieren. Es sei f(z) gesucht, wobei $z \neq x_i$ und f nicht explizit, sondern nur durch die Punkte (x_i, y_i) gegeben ist.
Man nimmt dann $L_n(z)$ als interpolierten Näherungswert für f(z).
(Falls f ein Polynom ist, so stimmen f und L_n natürlich überein.)
Durch Übergang zu Differenzenschemata vermeidet man dabei die explizite Ermittlung von $L_n(x)$ nach (12), es wird vielmehr $L_n(z)$ sofort ermittelt. Die Aufgabe der Bestimmung von Interpolationspolynomen läßt sich mit Hilfe automatisierter Formelverarbeitung nun aber relativ leicht handhaben. Speziell bei der Frage der Faktorisierung von Polynomen nach dem Verfahren von Kronecker sind wir darauf angewiesen, Interpolationspolynome explizit herzuleiten. Wir werden zwei Algorithmen angeben, die unterschiedliche Formelmanipulationsfähigkeiten benötigen.
Dazu stellen wir Formel (12) wie folgt dar:

$$L_n(x) = \sum_{i=0}^{n} y_i \cdot U_i(x)/U_i(x_i) \qquad (13)$$

$$U_i(x) = \prod_{\substack{j=0 \\ i \neq j}}^{n} (x-x_j) \qquad \text{und}$$

$$L_n(x) = \sum_{i=0}^{n} y_i \frac{W(x)}{(x-x_i)W'(x_i)} \text{ , wobei} \qquad (14)$$

$$W(x) = \prod_{i=0}^{n} (x-x_i)$$

Man hat keine Mühe, sich von der Äquivalenz von (12), (13) und (14) zu überzeugen.
Nachfolgend geben wir die Algorithmen LAGR1 und LAGR2 an, die Lagrangesche Interpolationspolynome nach (13) bzw. nach (14) ermitteln.
Dabei werden unterschiedliche manipulative Fähigkeiten verwendet, insbesondere wird bei der Herleitung nach Formel (14) (LAGR2) vorausgesetzt, daß das Polynom $W(x)=(x-x_0)(x-x_1)\ldots(x-x_n)$ in dieser faktorisierten Darstellung verwendet wird, damit man günstiger durch die Linearfaktoren $x-x_i$ dividieren kann.

```
Algorithmus LAGR1
Eingabe:  (x_0,y_0),...,(x_n,y_n)     mit  x_i,y_i ∈ Q
Ausgabe:  L_n(x)      , so daß
          L_n(x_i) = y_i      und    deg(L_n(x))=n
Algorithmus: L_n:= 0
             for i:= 0 to n do
                 U_i:= 1
                 for j:= 0 to i-1, i+1 to n do
                     U_i:= U_i · (x-x_j)
                 end
                 L_n:= L_n + y_i · U_i/eval(U_i,x,x_i)
             end
             L_n:= expand (L_n)
```

```
Algorithmus LAGR2
Eingabe, Ausgabe: wie bei LAGR1
Algorithmus: L_n:= 0
             W:= 1
             for i:= 0 to n do
                 W:= W·(x-x_i)    { W darf nicht ausmultipliziert werden }
             end
             ws:= dW/dx
             for i:= 0 to n do
                 wsw:= eval (ws,x,x_i)
                 wq:= w/(x-x_i)
                 L_n:= L_n + y_i wq/wsw  end
             L_n:= expand (L_n)
```

3.1.3. Grundlegende Operationen mit Polynomen

An den Beispielen wurde bereits eine Reihe typischer Aufgabenstellungen für Polynome deutlich. Wir geben nachfolgend einige typische Probleme an:

- Ermittlung des Grades eines Polynoms bzgl. einer Variablen und des führenden Koeffizienten sowie der Koeffizienten beliebiger Variabler
- Arithmetische Verknüpfungen
- Substitution, d.h. Ersetzen von Variablen durch numerische Werte oder nichtatomare Größen
- Differentiation

Für obige Grundfunktionen sind entsprechende FORMAC-Sprachelemente verfügbar, die nachfolgenden sind mittels geeigneter Algorithmen zu realisieren:

- Polynomdivision mit Rest
- Integration (unbestimmt)
- Bestimmung des größten gemeinsamen Teilers (ggT) zweier Polynome
- Zerlegung eines Polynoms in seine Faktoren (Faktorisierung).

3.1.3.1. Gradbestimmung, Ermitteln von Koeffizienten

Hierzu sind die Funktionen COEFF, HIGHPOW, LOWPOW verfügbar; diese behandeln ihre Argumente wie Polynome.
Das bedeutet, daß diese Routinen auf dem äußersten Klammerniveau eines Ausdruckes wirken. Jeder Ausdruck wird als eine Summe von Produkten angesehen, deren Faktoren Potenzen von Teilausdrücken sind. Unter gewissen Umständen kann es wünschenswert sein, die zu analysierenden Ausdrücke vor der Analyse zu vereinfachen. Dann muß vorher die EXPND-Option eingeschaltet werden.

Funktion HIGHPOW
Format: HIGHPOW(e1, e2)
Wirkung: Die Funktion ermittelt den höchsten Exponenten, mit dem der Ausdruck e2 im Ausdruck e1 vorkommt; speziell für Polynome ist zu schreiben

```
        HIGHPOW(polynom, variable).
```

Es sei die Anweisung

```
        LET (P=4*X**5+6*A*X**-X**2+#E*X+1/4*B);     gegeben.
```

Dann ergibt

```
        LET (G=HIGHPOW (P, X));
            G := 5 .
```

Eine ähnliche Wirkung hat LOWPOW(e1,e2):

```
        LET (Z=LOWPOW (P, X));
            Z := 1 .
```

Bemerkung: P kann auch als Polynom in A bzw. B aufgefaßt werden.

Funktion COEFF

Format: COEFF (e1, e2)

Wirkung: Die Funktion ermittelt den Koeffizienten des Ausdrucks e2 im Ausdruck e1.

Beispiel:

```
        LET (C(5)  =  COEFF(P, X**5);
             C(4)  =  COEFF(P, X**4);
              .
              .
              .
             C(1)  =  COEFF(P, X));
```

hat die Wirkung

```
             C(5) :=  4,  C(4) :=  0,  C(3) :=  6A ,
             C(2) :=  -1, C(1) :=  #E .
```

Bemerkung: Das Absolutglied kann i.a. mit COEFF(P, X**0) nicht richtig ermittelt werden. In diesem Falle ist es besser, den Wert von P für X=0 zu bestimmen. (Siehe die entsprechenden Bemerkungen zur Substitution.) Damit läßt sich als allgemeines Schema zur Ermittlung des führenden Koeffizienten eines Polynoms angeben:

```
lc (polynom) := COEFF(polynom,var**HIGHPOW(polynom,var));
```

Dies kann natürlich auch in mehrere Einzelschritte aufgelöst werden. So hätten wir z.B. sämtliche Koeffizienten des oben verwendeten Polynoms P kürzer mittels

```
      LET (UG = LOWPOW (P, X); OG = HIGHPOW (P, X));
      UG = INTEGER (UG);
      OG = INTEGER (OG);
      DO I = UG TO OG; FIXEDA (I = I);
      LET (C(I) = COEFF (P, X**I));
      END;
```

bestimmen können.

Es soll noch bemerkt werden, daß die drei angegebenen Funktionen auf beliebige Argumente anwendbar sind, nicht nur auf Polynome.

3.1.3.2. Arithmetische Verknüpfungen

Arithmetische Verknüpfungen werden durchgeführt unter Verwendung der FORMAC-Operatoren +, -, *, /. Dabei ist die Stellung der Option EXPND zu beachten.

Beispiel: OPTSET (NOEXPND);

```
          LET (P1 = (X+1)**2;
               P2 = X**2+3*X+4;
              SUM = P1+P2; PROD = P1*P2);     bewirkt
```

$SUM := (X+1)^2 + X^2 + 3X+4$,

$PROD := (X+1)^2 * (X^2 + 3X+4)$.

```
          OPTSET (EXPND);
          LET (SUM1 = SUM; PROD1 = PROD);     bewirkt
```

$SUM1 := 2X^2 + 5X + 5$,

$PROD1 := X^4 + 5X^3 + 11X^2 + 11X + 4$.

Der Operator / bewirkt keine automatische Polynomdivision mit Rest; die Option EXPND hat zur Folge, daß / auf alle Summanden des Nenners angewendet wird. Bei NOEXPND wird nur dividiert, wenn der Nenner Teiler des Zählers ist. (Siehe auch Algorithmus LAGR2 und das zugehörige Programm.)

Beispiel: OPTSET (NOEXPND);

```
          LET (Z = (X+1)**3;
               N = X+1;
               Q = Z/N);     ergibt
               Q := (X+1) .

          OPTSET (EXPND);
          LET (Q1 = Q);     bewirkt
```

$Q1 := X^3 / (X+1) + 3X^2 / (X+1) + 3X / (X+1) + 1 / (X+1)$.

Anwendung der Multinomialgesetze durch Verwendung von

MULT (ausdruck), DIST (ausdruck), EXPAND (ausdruck):

MULT vereinfacht die Ausdrücke der Form

$(a+b+...)^n$ zu $a^n + ...$; multiplikative Ausdrücke werden aber nicht verändert.

Beispiel: LET (X = (A+B)*(A-B)**2;

```
               Y = MULT (X));     bewirkt
               Y := (A+B) (-2AB+A+B) .
```

Wenn die NOINT-Option eingeschaltet ist, werden im Ergebnis der multinomialen Vereinfachung die Koeffizienten als verallgemeinerte Binomialkoeffizienten explizit erhalten bleiben, während bei eingeschalteter INT-Option die Kombinationen ausgewertet werden.

DIST wendet das Distributivgestz an, also

LET (Z=DIST(X)); bewirkt

$Z := A(A-B)^2 + B(A-B)^2$.

EXPAND kombiniert die Wirkung von MULT, DIST und hat somit die gleiche Wirkung wie die Option EXPND.

Beispiel: LET (X=(A**2 + A*B*C)/(A*B)); ergibt

Y=EXPAND(X)+C);

Y:=A/B + 2C .

DIST wendet das Distributivgesetz auf alle Produkte an, die im Ausdruck auftreten und als Faktoren Summen enthalten; so wird z.B.

(a+b)(c+d) zu ac + ad + bc + bd und

a (b+c) zu ab + ac, (a+b)/c zu a/c + b/c.

DIST 'beseitigt' dabei keine Exponenten von Summen, die ungleich 1 sind; z.B. LET (Y=(X-A)**2+2*(X-A)**4+3*(X-A)**6;

Z=DIST(2*(X-A)**3*Y)); ergibt

$Z := 2(X-A)^5 + 4(X-A)^7 + 6(X-A)^9$.

Damit können durch EXPND Klammern weitgehend beseitigt werden; man beachte das Zusammenwirken mit den Optionen EXPND, NOEXPND.

Das Beispiel der Lagrange-Interpolation zeigte, daß es durchaus sinnvoll sein kann, diese Klammerbeseitigung zu verhindern. Dies erfordert das Setzen der Option NOEXPND.

3.1.3.3. Substitution

Substitution soll bedeuten, daß Variable eines Polynoms ersetzt werden durch numerische Werte oder durch andere Ausdrücke.

Numerische Substitution (Wertbestimmung) bedeutet im algebraischen Sinne die Anwendung des Homomorphismus $R[x] \rightarrow R$.

Zur Substitution sind zwei Funktionen verwendbar, EVAL und REPLACE:

Format: EVAL(e, a_1, b_1, a_2 , b_2 , ..., a_n, b_n)

Wirkung: EVAL behandelt die auf den Argumentausdruck e folgenden Argumente als Liste von geordneten Paaren (a_i, b_i) und führt für jedes Paar (a_i, b_i) die Substitution abhängig vom Element a_i wie folgt aus:

Ist a_i ein Atom oder eine Systemkonstante (#E, #I, #P), dann wird in e jedes a_i durch den Ausdruck b_i ersetzt.

Wir werden später noch sehen, daß dies nur ein Teil der Fähigkeiten von EVAL ist. Diese Funktion gestattet weitaus umfangreichere Anwendungen, wir wollen uns aber zunächst damit begnügen.

Speziell zur Wertbestimmung von Polynomen können wir dann schreiben EVAL (polynom, var, wert), und die Ermittlung des Absolutgliedes eines Polynoms (Berechnung des Wertes des Polynoms an der Stelle 0) läßt sich realisieren mittels EVAL (polynom, variable, 0) .

Substitution mittels REPLACE:

Format: REPLACE (e, a_1, b_1, a_2, b_2, ..., a_n, e_n)

Wirkung: Die a_i, b_i bezeichnen beliebige FORMAC-Ausdrücke; sie werden als geordnete Liste geordneter Paare aufgefaßt. Die Funktion REPLACE ersetzt nun im Ausdruck e zuerst jedes auftretende a_1 durch b_1, wobei der Ausdruck e_1 entsteht, sodann wird in e_1 jedes auftretende a_2 durch b_2 ersetzt und so e_2 erzeugt u.s.f., bis alle Paare a_i, b_i abgearbeitet sind. Das Ergebnis der Funktion ist dann e_n. Jeder Ausdruck e_i wird gemäß den gültigen Optionen bestimmt, ehe e_{i+1} erzeugt wird.

Beispiele:

1)
```
LET(Y=A*X**2+B*X+C*D+E;
    Z=REPLACE(Y,X**2,T(2),X,T(1),C*D+E,CONST));     erzeugt
    Z:=AT(2)+BT(1)+CONST.
```

2)
```
LET(Y=2*SIN(X)*LOG(X)*COS(X);
    Z=REPLACE(Y,2*SIN(X)*COS(X),SIN(2X)));     ergibt
    Z:=SIN(2X)LOG(X) .
```

REPLACE ist auch nützlich, um Ausdrücke expliziten Bedingungen zu unterwerfen. Wird etwa A, ein Ausdruck in X, Y, Z, auf der Einheitskugel $X^2+Y^2+Z^2=1$ untersucht, so ersetzt

```
LET(A=REPLACE(A,X**2+Y**2+Z**2,1,Z**2,1-X**2-Y**2));
```

$X^2+Y^2+Z^2$ bei jedem Auftreten durch 1 und eliminiert jedes verbleibende Z^2.

Das einfache Beispiel

```
LET(P=X+Y+Z;
    P1=EVAL(P, X, Y, Y, Z, Z, 5);
    P2=REPLACE(P, X, Y, Y, Z, Z, 5));     mit
P1 :=Y+Z+5   ,
P2 :=15
```

verdeutlicht die unterschiedliche Wirkung von sequentieller und paralleler Substitution. Die Unterschiede von EVAL und REPLACE sind aber weitaus größer, wir werden darauf noch in 4.1. eingehen.

Für die Zwecke der numerischen Substitution (also der Wertbestimmung) in Polynomen haben EVAL und REPLACE die gleiche Wirkung. Bemerkt werden soll, daß beide Funktionen auf beliebige Ausdrücke anwendbar sind.

3.1.3.4. Differentiation

Eine der am stärksten ausgebauten Fähigkeiten von FORMAC ist die symbolische Differentiation. Es gibt hierfür drei Funktionen. Wir beschränken uns zunächst auf die Funktion DERIV:

Format: DERIV(e,v_1,n_1,v_2,n_2, ..., v_r, n_r)

Wirkung: Die v_i müssen Atome sein und die n_i müssen zu nichtnegativen ganzen Zahlen ausgewertet werden. Dann liefert DERIV den FORMAC-Ausdruck

$$\frac{\partial^n e}{\partial v_1^{n_1}\,\partial v_2^{n_2}\cdot\,.\,.\,.\,.\,\cdot\partial v_r^{n_r}},$$

wobei gilt $n = \sum_{i=1}^{r} n_i$. (e ist ein beliebiger FORMAC-Ausdruck.)

Wenn ein n_i weggelassen wird, dann wird es standardmäßig als 1 angenommen.

Beispiele:

```
LET(P=3*SIN(A*X)+A*X**2;  Q=DERIV(P,X);  R=DERIV(P,X,2,A,1));
```

erzeugt

Q:= 3A COS(AX)+2AX und R:=-3A^{2}X COS(AX)-6A SIN(AX)+2.

Bemerkung: Die Funktion DERIV beschränkt sich in ihrer Anwendung nicht auf Polynome. Sie hat außerdem sehr viele weitergehende Wirkungen als hier angegeben.

Mit den erläuterten Sprachelementen von FORMAC sind wir nunmehr in der Lage, die Programme zur Lagrange-Interpolation und zum Verfahren von Picard anzugeben.

Beim Programm PICARD erfolgt ein Vorgriff auf die erst später zu erläuternden FORMAC-Prozeduren, indem eine Prozedur INT zur Integration von Polynomen nach der Variablen x verwendet wird.

Die Wirkung von INT bedarf keiner weiteren Erläuterungen.

FORMAC-Programm LAGR1

Das Programm liest jeweils paarweise die auf Lochkarte befindlichen Koordinaten (x_i, y_i) ein.
Die Anzahl dieser Paare wird gezählt und der ganzen Zahl N zugewiesen.
Endekennzeichen ist die leere Eingabedatei, d.h., die Steuerung des Eingabezyklusses erfolgt mit der Bedingung ON ENDFILE(SYSIN).

```
LAGR: PROC OPTIONS(MAIN);
    FORMAC_OPTIONS;
    DCL(XW,YW) CHAR(15) VARYING;
    ON ENDFILE(SYSIN) GOTO ENDE;
    LET(N=-1);
    /*EINGABEZYKLUS*/
M: GET LIST(XW,YW) COPY;
    LET(N=N+1);
    CET(X(N)=XW; Y(N)=YW);
    GOTO M;
    /* ENDE DES EINGABEZYKLUS*/
ENDE: N=INTEGER(N);
    LET(L=0);
    DO I=0 TO N;   FIXEDA(I=I);
      LET(U=1);
      DO J=0 TO I-1,I+1 TO N;
        FIXEDA(J=J);
        LET(U=U*(X-X(J)));
      END;
      LET(L=L+Y(I)*U/EVAL(PHI,X,X(I)));
    END;
    LET(L=EXPAND(L));
    PRINT_OUT(L);
END LAGR1;
```

Das Programm LAGR2 hat, abgesehen von der unterschiedlichen Art und Weise der Ermittlung des Interpolationspolynoms L, den gleichen Aufbau wie das Programm LAGR1.
Zu beachten ist hierbei aber, daß mittels

```
OPTSET(NOEXPND)
```

verhindert werden muß, daß W = (X-X(1))•...•(X-X(N)) ausmultipliziert wird, um eine automatische Division von W durch die linearen Polynome X-X(I) zu erreichen.
Am Schluß wird dann L in eine 'übliche' Polynomdarstellung gebracht.
Dies geschieht mittels

```
LET(L=EXPAND(L));
```

FORMAC-Programm LAGR2

```
LAGR2: PROC OPTIONS(MAIN);
      FORMAC_OPTIONS;
      OPTSET(NOEXPND);
      DCL(XW,YW) CHAR(15) VAR;
      ON ENDFILE(SYSIN) GOTO ENDE;
      LET(N=-1);
M:    GET LIST(XW,YW)COPY;
      LET(N=N+1);
      CET(X(N)=XW;Y(N)=YW);
      GOTO M;
ENDE:N=INTEGER(N);
      LET(L=0;W=1);
      DO I=0 TO N; FIXEDA(I=I);
        LET(W=W*(X-X(I));
      END;
      LET(WS=DERIV(W,X));
      DO I=0 TO N; FIXEDA(I=I);
        LET(WSW=EVAL(WS,X,X(I));
             WQ=W/(X-X(I));
             L=L+Y(I)*WQ/WSW);
      END;
      LET(L=EXPAND(L));
      PRINT_OUT(L);
END LAGR2;
```

Im Zusammenhang mit der Behandlung des Prozedurkonzepts und mit weiteren Datenstrukturen werden wir diese Programme auch in Form von Funktionsprozeduren angeben.

FORMAC-Programm zum Algorithmus PICARD

```
PICARD: PROC OPTIONS(MAIN);
        FORMAC_OPTIONS;
        OPTSET(EXPND);
        DCL N BIN FIXED, (F,XO,YO) CHAR(20) VAR;
        GET LIST (F,XO,YO,N);
        /* ES BEDEUTEN:
        F-RECHTE SEITE DER DGL,
        N-ANZAHL DER ITERATIONEN,
        XO,YO=Y(XO)-ANFANGSWERTE*/
        CET (F=F;XO=XO;Y(O)=YO);
        /*ITERATIONEN:*/
```

```
        DO I=0 TO N; FIXEDA (I=I);
           LET(F(I+1)=EVAL(F,Y,Y(I));
           CALL INT('F(I+1)','F(I+1)');
           LET(Y(I+1)=Y(0)+F(I+1)-EVAL(F(I+1),X,XO));
           PRINT_OUT(Y(I+1));
        END;
END PICARD;
```

Bemerkung: Das verwendete Unterprogramm INT dient der unbestimmten Integration des ersten Arguments nach x, das Resultat wird dem zweiten Argument zugewiesen. Falls die gegebene Differentialgleichung nur ganzrationale Ausdrücke in x und y enthält, so braucht INT nur Polynome in x zu integrieren.

3.1.4. Einige Bemerkungen zum FORMAC-Prozedurkonzept

Es zeigt sich beim Programm PICARD, daß wir mit der bisher verwendeten Programmkonzeption (Hauptprogramme) offenbar noch nicht über ausreichende sprachliche Mittel verfügen, sondern auch Prozeduren notwendig sind. Dies auch deshalb, weil die nachfolgenden Algorithmen und Programme (so z.B. zur Polynomdivision) sinnvollerweise als Prozeduren zur Verfügung gestellt werden sollten. Wir besprechen daher vor der Erläuterung weiterer Aufgaben der Polynommanipulation zunächst kurz einige Aspekte des FORMAC-Prozedurkonzeptes.

Dieses ist dadurch gekennzeichnet, daß FORMAC zunächst keine lokalen Größen kennt, d.h., alle FORMAC-Größen haben globalen Charakter. Dies gilt auch für die Optionen. Dies hat natürlich Konsequenzen für den Aufbau von Prozeduren und bringt insbesondere die Gefahr von Variablenkollisionen mit sich. Damit wird zwar die Parametervermittlung über globale Variable möglich, dies schränkt die Universalität von Prozeduren aber stark ein. Für die Parametervermittlung über die Parameterliste gilt die Regel: Bei der Prozedurvereinbarung sind die formalen Parameter als hinreichend lange Zeichenkettenvariable zu vereinbaren und im Prozedurkörper in FORMAC-Variable zu transformieren.

Verdeutlichen wir dies am Beispiel einer Prozedur INT1 zur Integration eines Polynoms in der Variablen x.

```
    INT1: PROC(ARG1,ARG2);
          DCL ARG1 CHAR(*),ARG2 CHAR(8) VAR;
          CET(ARG1#=ARG1);
          /*ARG1 IST EIN POLYNOM */
          LET(N#=HIGHPOW(ARG1#,X));
          N#=INTEGER(N#);
```

```
    LET(ARG2=EVAL(ARG1#,X,0)*X);
     /* INTEGRAL DES ABSOLUTGLIEDES VON ARG1#*/
     /* SCHRITTWEISE INTEGRATION:*/
       DO I#=1 TO N#; FIXEDA(I#=I#);
         LET(ARG2=ARG2+COEFF(ARG1#,X**I#)/(I#+1)*X**(I#+1));
       END;
       RET(ARG2=ARG2);
       ATOMIZE(ARG1#);
  END INT1;
```

Beim Aufruf derartiger Prozeduren mittels CALL-Anweisung werden die Namen der als aktuelle Parameter verwendeten FORMAC-Variablen in einfache Anführungszeichen gesetzt. So bewirkt die Anweisungsfolge

```
LET (P=X**3+1);
CALL INT('P','RES');
```

die Zuweisung von X**4/4+X (also des Integrals von P) an die FORMAC-Variable RES.

Die Vermeidung von Variablenkollisionen und von unerwünschten Effekten auf Grund des globalen Charakters von Optionen erfordert viel Sorgfalt. Die Einhaltung folgender Empfehlungen schränkt diese Gefahren ein:

1) Bezeichnungen 'lokaler' FORMAC-Variabler schließen mit dem Zeichen '#' ab.
2) FORMAC-Variablenbezeichnungen dürfen nicht mit dem Zeichen '#' enden, wenn sie nicht 'lokal' sind.
3) Von Prozeduren wird bei ihrem Aufruf angenommen, daß die Auswertungsoptionen (TRANS, INT, EXPND) die Standardwerte haben.
4) Die Standardwerte für Optionen werden bei Verlassen des Prozedur wiederhergestellt.
5) Prozeduren sollten durch Kommentare so dokumentiert werden, daß sie später vom Autor und anderen Nutzern verwendet werden können.

Die Unzulänglichkeiten dieses hier angedeuteten Konzepts in der ursprünglichen Version von FORMAC (FORMAC69) führten zu einigen Weiterentwicklungen (FORMAC73).

Nunmehr ist es zusätzlich möglich, daß der Nutzer durch Verwendung der LOCALIZE- und UNLOCALIZE-Anweisungen und der LOCAL-Option gewisse Variable dynamisch als lokale Variable innerhalb gewisser Programmabschnitte erklärt. Damit verbunden ist eine Erweiterung des Prozedurkonzepts um die sogenannten F-Prozeduren.

Zur Erläuterung geben wir die Prozedur zur Integration eines Polynoms als F-Prozedur an:

```
INT2: F_PROCEDURE (ARG1)
      LOCAL (I;N=HIGHPOW(ARG1,X);H);
      N=INTEGER (N);
      LET (H=EVAL(ARG1,X,0)*X);
      DO I= 1 TO N; FIXEDA (I=I);
        LET (H=H+COEFF (ARG1,X**I)/(I+1)*X**(I+1));
      END;
      F_RETURN(H);
F_END INT2;
```

Mit der hier verwendeten LOCAL-Option werden die angegebenen FORMAC-Variablen bis zum Verlassen der Prozedur als lokale Variable deklariert, gleichzeitig mit den angegebenen Anfangswerten bzw. mit 0 initialisiert. F-Prozeduren sind im aufrufenden Programm vor ihrem Aufruf als F_FUNCTION zu vereinbaren, bei obigem Beispiel also durch

```
F_FUNCTION(INT2);
```

Damit würde dann beispielsweise durch

```
LET (P=X**3+1;
     RES=INT2(P));
```

die FORMAC-Variable RES mit X**4/4+X belegt.

Neben der LOCAL-Option können Variable dynamisch mittels der stets paarweise zu verwendenden Anweisungen

```
LOCALIZE (fmcvar =fmcexpr [;fmcvar= fmcexpr] ...);      und
UNLOCALIZE (fmcvar ;fmcvar ...);
```

für beliebige Programmabschnitte als lokale Variable verwendet werden. Auf Details dieses Mechanismus kann hier nicht eingegangen werden.

3.1.5. Divisionen von Polynomen

Eine für viele Algorithmen der Polynommanipulation notwendige Aufgabenstellung ist die der Division von Polynomen. Diese ist in FORMAC aber nicht implementiert. Es bleibt Sache des Nutzers, sich auf der Basis bekannter Algorithmen selbst entsprechende Programme zu schreiben.

Wir beschränken uns künftig weiterhin auf Polynome in einer Variablen. Betrachten wir zunächst Polynome mit rationalen Koeffizienten. Gegeben seien zwei Polynome $U(x)$ und $V(x) \in Q[x]$. Wir können dann ein Quotientenpolynom $q(x) \in Q[x]$ und einen Rest $r(x) \in Q[x]$ ermitteln, so daß

$$U(x)=q(x)\cdot V(x)+r(x), \quad deg(r) < deg(V) . \qquad (15)$$

Die zur Ermittlung von $q(x)$ und $r(x)$ notwendigen Operationen erfordern nur Rechnungen in Q und sind stets ausführbar.

$q(x)$ und $r(x)$ sind eindeutig, denn:

Unter der Annahme $q_1(x) \neq q_2(x), r_1(x) \neq r_2(x)$, mögen die Paare (q_1, r_1) und (q_2, r_2) (15) erfüllen.

Es ist dann $q_1 \cdot V + r_1 = q_2 \cdot V + r_2$, also (16)

$(q_1 - q_2) \cdot V = r_2 - r_1$.

Wegen $deg(r_1) < deg(V)$,

$deg(r_2) < deg(V)$,

$deg(r_2 - r_1) < deg(V)$

und $q_1 \neq q_2$ ist aber

$deg((q_1 - q_2)V) = deg(q_1 - q_2) + deg(V) \geq deg(V) > deg(r_2 - r_1)$.

(16) würde aber bedeuten

$deg((q_1 - q_2)V) = deg(r_2 - r_1)$.

Dies ist ein Widerspruch, folglich gilt $q_1 = q_2$ und damit auch $r_1 = r_2$; somit sind q(x) und r(x) eindeutig.

Algorithmus PDIV zur Polynomdivision mit Rest

Eingabe: $U(x) = u_m x^m + \ldots + u_0 \in Q[x]$

$V(x) = v_n x^n + \ldots + v_0 \in Q[x]$,

m n 0 .

Ausgabe: $q(x) = q_{m-n} x^{m-n} + \ldots + q_0 \in Q[x]$

$r(x) = r_{n-1} x^{n-1} + \ldots + r_0 \in Q[x]$,

so daß

$U(x) = q(x) \cdot V(x) + r(x)$.

Algorithmus:

```
m:= deg(U) n:= deg(V)
for k:= m-n to 0 step -1 do
{der Algorithmus endet mit u_{n-1}= r_{n-1}, ..., u_0 = r_0}
    q_k:= u_{n+k}/v_n
    for j:= n+k-1 to k step -1 do
        u_j:= u_j - q_k · v_{j-k}
    end
end
q:= 0  r:= 0
for i:= 0 to m-n do
    q:= q + q_i · x^i
end
for i:= 0 to n-1 do
    r:= r + r_i · x^i
end
return (q(x), r(x))
```

<u>FORMAC-Programm</u> (als Prozedur)

```
PDIV: PROC (U,V,X,Q,R,X);
       DCL (U,X,V) CHAR (*),
           (Q,R) CHAR (8) VAR;
       LOCALIZE (U;V;Q;R;N;M);
       CET (U = U; V = V);
       LET (N=HIGHPOW(V,X);
           M=HIGHPOW(U,X));
           N=INTEGER(N); M=INTEGER(M);
       DO I=1 TO M; FIXEDA(I=I);
          LET (U(I)= COEFF(U,X**I)); END;
       LET (U(0)= EVAL(U,X,0));
       DO I=1 TO N; FIXEDA(I=I);
          LET (V(I)= COEFF(V,X**I)); END;
       LET (V(0)= EVAL(V,X,0));
       DO K = M-N BY -1 TO 0; FIXEDA(K=K);
          LET (Q(K)= U(N+K)/V(N));
          DO J = N+K-1 BY -1 TO K; FIXEDA (J=J);
             LET (U(J)= U(J) - Q(K) * V(J-K));
          END;
       END;
       LET(Q=0;R=0);
       DO I=0 TO M-N; FIXEDA(I=I);
          LET (Q= Q+Q(I)*X**I);
       END;
       DO I=0 TO N-1; FIXEDA(I=I);
          LET (R = R+U(I)**I);
       END;
       RET (Q=Q; R=R);
       UNLOCALIZE (M;N;R;Q;V;U);
END PDIV;
```

Wir dehnen unsere Betrachtungen nun aus auf Polynome mit ganzzahligen Koeffizienten. Für diese ist in Z x der angegebene Divisionsalgorithmus nicht mehr unbeschränkt ausführbar.

Wenn wir uns die wesentlichen Schritte des Algorithmus PDIV genauer ansehen, so fällt auf:

Der Algorithmus erfordert lediglich Divisionen durch v_n = lc(V), dies genau m-n+1 mal.

Dies bedeutet, daß bei ganzzahligen Polynomen U(x) und V(x) in PDIV als Nenner lediglich Teiler von v_n^{m-n+1} auftreten können.

Damit liegt nahe, daß wir immer Polynome $q(x) \in Z[x]$ und $r(x) \in Z[x]$ finden können, so daß

$$lc(V)^{m-n+1}\, U(x) = q(x)\cdot V(x) + r(x) \qquad \text{mit} \qquad (17)$$
$$\deg(r) < \deg(V)\ .$$

In Anlehnung an Knuth /9/ wollen wir das als <u>Pseudodivision</u> bezeichnen.

<u>Algorithmus PSDIV</u>

Eingabe: $U(x) = u_m x^m + \ldots + u_0 \in Z[x]$
$V(x) = v_n x^n + \ldots + v_0 \in Z[x]$ $(m > n \geqslant 0)$

Ausgabe: $q(x) = q_{m-n} x^{m-n} + \ldots + q_0 \in Z[x]$

$r(x) = r_{n-1} x^{n-1} + \ldots + r_0 \in Z[x]$,

so daß $lc(V)^{m-n+1}\, U(x) = q(x)\cdot V(x) + r(x)$ bzw.
$lc(V)^m \cdot U(x) = q(x)\cdot V(x)$ für $\deg(V) = 0$.

Algorithmus:

```
        m:= deg(U)   N:= deg(V)
        for k:= m-n to 0 step -1 do
            q_k:= u_(n+k) v_n
            for j:= n+k-1 to 0  step -1 do
                u_j:= v_n· u_j-u_(n+k)· v_(j-k)
            end
        end
        q:= 0 r:= 0
        for  i:= 0 to m-n do
                q:= q+q_i· x^i
        end
        for  i:= 0 to n-1 do
        .       r:= r+r_i· x^i
        end
        return (q(x), r(x))
```

Nachfolgend die zugehörige FORMAC-Prozedur:

```
   PSDIV:  PROC (U, V, Q, R);
           DCL (U, V)   CHAR(*),
               (Q,R) CHAR(8) VAR;
           LOCALIZE(U;V;Q;R;M;N);
           CET(U=U;V=V);
           LET(N=HIGHPOW(V,X);
               M=HIGHPOW(U,X));
           N=INTEGER(N); M=INTEGER(M);
           DO I=1 TO N; FIXEDA(I=I);
              LET(U(I) = COEFF(U,X**I)); END;
```

```
        LET(U(0) = EVAL(U,X,0));
        DO I=1 TO N; FIXEDA(I=I);
           LET(V(I) = COEFF(V,X**I)); END;
        LET(V(0) = EVAL(V,X,0));
        DO K=M-N TO 0 BY -1; FIXEDA(K=K);
           LET(Q(K) = U(N+K) * V(N)**K);
           DO J=N+K-1 TO 0 BY -1; FIXEDA(J=J);
            IF J K  THEN LET(U(J)=V(N)*U(J));
            ELSE LET(U(J) = V(N)*U(J)-U(N+K)*V(J-K));
           END;
        END;
        LET(Q=0; R=0);
        DO I=0 TO M-N; FIXEDA(I=I);
           LET(Q=Q+Q(I)*X**I);
        END;
        IF N 0  THEN
        DO I=0 TO N-1; FIXEDA(I=I);
           LET(R=R+U(I)*X**I);
        END;
        RET(Q=Q; R=R);
        UNLOCALIZE (N;M;R;Q;V;U);
   END PSDIV;
```

3.1.6. Integration von Polynomen

Die Integration von Polynomen ist zwar in FORMAC nicht implementiert, bietet aber algorithmisch keine Probleme, da ein Polynom mit beliebigen Koeffizienten stets in geschlossener Form integrierbar ist.
Die Realisierung der Formel

$$\int \sum_{i=0}^{n} a_i x^i dx = \sum_{i=0}^{n} a_i/(i+1)\, x^{i+1}$$

bereitet mit den verfügbaren FORMAC-Sprachelementen keine Schwierigkeiten, wir haben dies beim Programm PICARD und der darin enthaltenen Prozedur INT bereits ausgenutzt.
Wir wollen hier kurz noch eine weitere Möglichkeit der Polynomintegration erörtern, und zwar unter Benutzung der Substitutionsfähigkeiten von FORMAC. Wir werden diesmal nicht die COEFF-Routine benutzen, sondern wie folgt vorgehen:
Wenn $P_n(x)$ ein Polynom n-ten Grades ist, also

$$P_n(x) = p_0 + p_1 x + \ldots + p_n x^n,$$

so gilt

$$\int P_n dx = p_0 x + p_1/2\, x^2 + \ldots + p_n/(n+1)\, x^{n+1}$$

Man sieht sofort, daß $\int P_n(x)dx$ ermittelt werden kann, indem in $x \cdot P_n(x)$ alle Teilausdrücke x^i substituiert werden durch $x^i/(i+1)$, für $i=2(1)n$.
Mit dem hier angedeuteten Prinzip ist praktisch der Algorithmus schon angegeben. Wir werden ihn deshalb nicht nochmals in der bisher verwendeten formalisierten Darstellung aufschreiben, sondern sofort das zugehörige FORMAC-Programm als F-Prozedur angeben.

```
INT: F_PROCEDURE(ARG,VAR)
         LOCAL(N;H);
       LET(H=EXPAND(ARG*VAR);
         N=HIGHPOW(ARG,VAR));
     N = INTEGER(N);
     DO I = N TO 2 BY -1;
         FIXEDA(I=I);
         LET(H=REPLACE(H,X**I,X**I/(I+1)));
     END;
     F_RETURN(H);
F_END INT;
```

3.1.7. Bestimmung des größten gemeinsamen Teilers von Polynomen

Einer der zentralen Begriffe für das Rechnen in Integritätsbereichen und Polynomringen ist der des größten gemeinsamen Teilers (ggT). Dieser ist von tragender Bedeutung für die Faktorisierung von Polynomen, bietet aber darüber hinaus den Schlüssel für die Existenz, Eindeutigkeit und Durchführbarkeit der Partialbruchzerlegung (PBZ) rationaler Funktionen.
Zunächst einige Begriffe und Eigenschaften:
Sind u,v Z , beide ungleich Null, so ist der größte gemeinsame Teiler von u und v, kurz ggT(u,v) die größte ganze Zahl, die sowohl Teiler von u als auch von v ist.
Wenn gilt u=v=0, so ist es sinnvoll,

$$\mathrm{ggT}(0,0) = 0 \text{ zu setzen.}$$

Es folgt nun sofort

$$\mathrm{ggT}(u,v) = \mathrm{ggT}(v,u) \; ,$$
$$\mathrm{ggT}(u,v) = \mathrm{ggT}(-u,v) \; ,$$
$$\mathrm{ggT}(u,0) = |u| \; .$$

Einer der wesentlichsten Sätze, der in seiner Anwendung auf Polynome später auch die Begründung für die Durchführbarkeit und Eindeutigkeit der Partialbruchzerlegung liefern wird, ist der
Satz vom größten gemeinsamen Teiler:
Seien $a_1, a_2, \dots, a_n$ von Null verschiedene ganze Zahlen. Dann existiert genau ein positiver ggT $d = \mathrm{ggT}(a_1, a_2, \dots, a_n)$.

Dieser läßt sich in der Form

$d = a_1x_1 + a_2x_2 + \ldots + a_nx_n$ mit ganzen Zahlen $x_1, x_2, \ldots, x_n$ darstellen.

Auf den Beweis soll hier verzichtet werden. Es soll nur bemerkt werden, daß gilt

$ggT(a_1, a_2, \ldots, a_n) = ggT(a_1, ggT(a_2, \ldots, a_n)).$

Damit kann die Berechnung des ggT von mehr als zwei Zahlen rekursiv auf den Fall n=2 zurückgeführt werden.

Der Beweis des Satzes liefert für n=2 den bekannten euklidischen Algorithmus, der in einer fortlaufenden Division besteht. Der Algorithmus ist nachfolgend als GGTN angegeben.

Programm GGTN (PL/1-Prozedur):

```
GGTN: PROC(A,B) RETURNS(BIN FIXED);
  DCL(A,B) BIN FIXED, HILF BIN FIXED;
    A= ABS(A);
    B= ABS(B);
    IF A<B THEN DO; HILF= B; B= A;
                    A= HILF; END;
    DO WHILE (B¬= 0);
       HILF= MOD(A,B);
       A= B;
       B= HILF;    END;
  RETURN(A);
END GGTN;
```

Kehren wir wieder zu den Polynomen zurück und beschränken uns zunächst auf Polynome aus Q[x]. Wir bezeichnen ein Polynom $P(x) \in Q[x]$ als irreduzibel, unzerlegbar oder Primpolynom, falls es sich nicht in

$P(x) = P_1(x) \cdot P_2(x)$ mit $deg(P_1) > 1$, $deg(P_2) > 1$

zerlegen läßt. Andernfalls nennen wir P(x) reduzibel.

Seien A(x), B(x) Polynome aus Q[x].

Als größten gemeinsamen Teiler von A und B bezeichnen wir das Polynom größten Grades P(x), das sowohl Teiler von A(x) als auch von B(x) ist.

Es ist anzumerken, daß P(x) nicht eindeutig ist, denn mit P(x) ist auch $c \cdot P(x)$ mit $c \in Q$ ein ggT von A und B.

Eindeutigkeit läßt sich aber erzwingen, indem wir P als normiert voraussetzen, d.h. $lc(P) = 1$. Dies läßt sich stets erreichen.

Zwei Polynome A(x) und B(x) heißen teilerfremd, wenn sie keinen größten gemeinsamen Teiler positiven Grades haben, d.h.

$ggT(A,B) = p \in Q$.

In diesem Falle ist dann jede rationale Zahl $c \cdot p$ mit $c \in Q$ ebenfalls ggT von A und B.

Eindeutigkeit läßt sich wieder durch Normierung erreichen; wir setzen fest: Falls A(x) und B(x) teilerfremd sind, so gilt ggT(A,B)= 1.
Da in Q[x] Polynomdivision mit Rest unbeschränkt ausführbar ist, läßt sich der Euklidische Algorithmus sofort von Z auf Q[x] übertragen.
Der Satz vom ggT hat dann für n=2 die Form:
Zu zwei Polynomen A(x), B(x) $\in$ Q[x] existieren stets Polynome
C(x), D(x), P(x) $\in$ Q[x] mit
deg(C) < deg(A) ,
deg(D) < deg(B) ,
P= ggT(A,B), so daß
A(x)·D(x)+B(x)·C(x)= P(x) . (18)

C, D, P sind bis auf rationale Faktoren, d.h. bis auf Einheiten, eindeutig. Wenn wir wiederum Normiertheit fordern, ergibt sich die Eindeutigkeit von C, D und P.
Die zentrale Bedeutung von (18) wird sich später noch oft verdeutlichen. Nachfolgend geben wir zwei Algorithmen an, die den Euklidischen Algorithmus auf Polynome aus Q[x] übertragen und sich im wesentlichen nur durch die Darstellungsform unterscheiden.

<u>Algorithmus PGGT1:</u>

```
Eingabe: A(x), B(x) ∈ Q[x]
Ausgabe: C(x), D(x), P(x) ∈ Q[x]  mit
         deg(C) < deg(A),
         deg(D) < deg(B),
           P= ggT(A,B),     so daß
         A(x)·D(x) + B(x)·C(x)= P(x)  und
           lc(P)= 1
Algorithmus:
   T0:= Ā  T1:= B̄  T2:= B̄
   Z := A  N := B  R := N
   while (R¬=0) do
        G:= quotient(Z,N)
        R:= rem(Z,N)                { Polynomdivision mit Rest }
        T2:= T0- G·T1
        T0:= T1  T1:= T2
        Z:= N  N:= R
   end
  {Normierung:}
   D:= coeff(T2,Ā)/lc(N)
   C:= coeff(T2,B̄)/lc(N)
   P:= N/lc(N)
   return(C(x), D(x), P(x))
```

Wir sehen bei diesem Algorithmus die Notwendigkeit, zu entscheiden, ob ein formaler Ausdruck identisch verschwindet. Wenn wir die Frage etwas allgemeiner stellen, so ergibt sich die Problematik, die 'Übereinstimmung' zweier formaler Ausdrücke zu überprüfen. Dabei kann der hier bewußt so unscharf formulierte Begriff 'Übereinstimmung' durchaus unterschiedlich interpretiert werden, etwa im Sinne von
- Äquivalenz (Wertverlaufsgleichheit) oder
- Identität (zeichenweise Übereinstimmung). Wir wollen uns an dieser Stelle über die theoretische Seite dieser eng und ursächlich mit der sogenannten 'Vereinfachung' verbundenen Problematik nicht weiter auslassen. In Kapitel 6 werden wir diese Thematik nochmals berühren.

Uns soll hier nur ein Sprachelement von FORMAC interessieren, das es gestattet, FORMAC-Ausdrücke auf 'Übereinstimmung' zu testen. Dazu dient die PL/1-Funktion IDENT. Diese testet ein Paar von FORMAC-Ausdrücken auf mathematische Identität im Sinne der zeichenweisen Übereinstimmung der internen Darstellungen der Ausdrücke. Dabei spielen bestimmte, automatisch vor dem Vergleich durchgeführte, Transformationen eine Rolle.

Format: IDENT (e_1; e_2)

Wirkung: IDENT wird eine PL/1-Bitkette der Länge 1 zugeordnet. Sie hat den Wert 1, wenn die FORMAC-Ausdrücke e_1 und e_2 identisch sind, sonst hat sie den Wert 0.

Beispiele: 1)
```
LET(X=A+C-D*E+A*SIN(-A)*A;
    Y=-D*E+C+2*A-SIN(A)*A);
IF IDENT(X;Y) THEN ...
```
X und Y sind identisch, da die Ausdrücke X und Y vor dem Vergleich automatisch vereinfacht lexikographisch geordnet werden. Daher wird der THEN-Zweig der IF-Anweisung durchlaufen.

2)
```
LET(X=3*(A+B); Y=3*A+3*B); BIT=IDENT(X;Y);
```
Obwohl algebraisch äquivalent, sind X und Y nicht identisch. Man beachte aber: wenn die EXPND-Option eingeschaltet ist, dann erhält BIT den Wert 1.

Da IDENT die zeichenweise Übereinstimmung der internen Struktur zweier Ausdrücke prüft und nicht deren externe Struktur, ist es zur umfassenden und effektiven Anwendung nützlich und sogar notwendig, einige Grundprinzipien dieser internen Struktur zu kennen. Wir werden dieses Problem deshalb nochmals ausführlicher behandeln. Nachfolgend geben wir das zum Algorithmus PGGT1 gehörige FORMAC-Programm (als Prozedur) an:

```
PGGT1: PROC(A,B,C,D,P);
   OPTSET(EXPND);
   DCL(A,B) CHAR(*), (C,D,P) CHAR(8) VAR;
   LOCALIZE(A;B;C;D;P;TO;AQ;T1;BQ;T2;Z;N;R);
```

```
   CET(A=A; B=B);
   LET(TO=AQ;T1=BQ;T2=BQ;Z=A;N=B;R=N);
   DO WHILE( IDENT(R;0));
      CALL PDIV('Z', 'N', 'G', 'R');
      /*POLYNOMDIVISION*/;
      LET(T2=TO-G*T1;
          TO=T1; T1=T2;
          Z=N; N=R);
   END;
   /*NORMIERUNG:*/
   LET(D=COEFF(T2,AQ)/HIGHPOW(N,X);
     C=COEFF(T2,BQ)/HIGHPOW(N,X);
     P=N/HIGHPOW(N,X));
   RET(C=C; D=D; P=P);
   UNLOCALIZE(R;N;Z;T2;BQ;T1;AQ;TO;P;D;C;B;A);
END PGGT1;
```

Der nachfolgende Algorithmus PGGT2 entspricht inhaltlich genau dem Algorithmus PGGT1, zeichnet sich aber diesem gegenüber durch eine kompakte Darstellung aus (Knuth /9/).
Die darin verwendete Vektornotation ermöglicht eine kurze und elegante Problembeschreibung.
Wir geben zwei Programmversionen zum Algorithmus an. In der ersten Version verwenden wir zur Bezeichnung der im Algorithmus vorkommenden Vektoren, genauer ihrer Komponenten, indizierte Variable. Diese Version entspricht der auch in anderen problemorientierten Sprachen üblichen Verfahrensweise, Vektoren durch eindimensionale Felder und somit Vektorelemente durch indizierte Variable darzustellen.
Dies widerspricht aber streng genommen der 'Philosophie' von FORMAC, das Felder ja nicht kennt, wohl aber indizierte Variable.
Diese Vorgehensweise zwingt bei der Durchführung der Vektoroperation zur Programmierung von Zyklen. Damit geht die Eleganz der Algorithmusbeschreibung im Programm selbst wieder verloren.
In der zweiten Version verwenden wir spezielle FORMAC-Sprachelemente, die eine effektive Realisierung des Algorithmus ermöglichen.

<u>Algorithmus PGGT2:</u>

Eingabe, Ausgabe: wie PGGT1

{Algorithmus in Vektorschreibweise}

U:=(1, 0, A)

V:=(0, 1, B)

<u>while</u> ($V_3 \neq 0$) <u>do</u>

G:= quotient(U_3,V_3)

T:=U-G·V

```
    U:=V
    V:=T
  end
  U:=U/lc(U3)
  D:=U1
  C:=U2
  P:=U3
  return(C,D,P)
```

FORMAC-Programm (als Prozedur) (Variante 1):

```
PGGT2: PROC(A,B,C,P);
       OPTSET(EXPND);
       DCL(A,B) CHAR(*), (C,D,P) CHAR(8) VAR;
       LOCALIZE(A;B;C;D;P;U(1);U(2);U(3);V(1);V(2);V(3);T(1);T(2);T(3);G)
       CET(A=A; B=B);
       LET(U(1)=1; U(2)=0; U(3)=A;
           V(1)=0; V(2)=1; V(3)=B);
       DO WHILE( IDENT(V(3);0));
          CALL PDIV('U(3)','V(3)','G','R');
          DO I=1 TO 3; FIXEDA(I=I);
             LET(T(I)=U(I)-V(I)*G);
          END;
          DO I=1 TO 3; FIXEDA(I=I);
             LET(U(I)=V(I); V(I)=T(I));
          END;
       END;
       LET (HP=HIGHPOW(U(3),X));
       DO I=1 TO 3; FIXEDA(I=I);
          LET(U(I)=U(I)/HP);
       END;
       RET(D=U(1); C=U(2); P=U(3));
       UNLOCALIZE(A;B;C;D;P;U(1);U(2);U(3);V(1);V(2);V(3);
       T(1);T(2);T(3);G);
END PGGT2;
```

In der zweiten Variante des zum Algorithmus PGGT2 gehörenden Programms realisieren wir die verwendeten Vektoren durch sogenannte Ketten. (Wir werden dies bei der Behandlung von Problemen der Vektoralgebra und -analysis in 4.5. erneut tun.)

Neben den bisher hinlänglich behandelten formalen Ausdrücken kennt FORMAC ein weiteres Datenelement: die sogenannten Ketten. Eine Kette (besser wäre eigentlich der Begriff 'Liste') hat die Form

(ausdruck [,ausdruck] ...)

und kann ihrerseits wieder in anderen Ausdrücken verwendet werden. Diese Kettenschreibweise entspricht genau der Vektorschreibweise, bietet sich

also speziell zur Realisierung derartiger Probleme an.
Die Bildung derartiger Ketten kann durch die Verwendung der Funktion CHAIN erfolgen. Ein Beispiel möge dies zunächst verdeutlichen:

```
LET(X=A+3*SIN(B);
    Y=CHAIN(A,X+A,B+7,4));
```

bewirkt

```
Y:=(A,2A+3SIN(B),B+7,4) .
```

Dies zeigt ferner, daß die Argumente von CHAIN vor dem Bilden der Kette ausgewertet werden.
Die CHAIN-Operation ermöglicht die Bildung von Argumentlisten für FORMAC-Funktionen und -Routinen. Zum Beispiel:

```
LET(X= (A,B+2,C);
    Y= F.(X,D));
```

ergibt Y:=F.(A,B+2,C,D).
Es ist also erlaubt, bei der Kettendefinition das Wort 'CHAIN' wegzulassen.
Die runden Klammern enthalten dann die Elemente, die zu verketten sind.
Nicht korrekt wäre

LET(X = (A,B+2,C); U = X); richtig muß es

heißen LET(X = (A,B+2,C); U = (X));

Für die hier konkret behandelten Vektordarstellungen ist neben dem Aufbau derartiger Vektoren repräsentierender Ketten der Zugriff zu den Vektorelementen, also den Elementen der Ketten, notwendig. Wir verwenden dafür die ARG-Funktion, deren vollständige Wirkung noch beschrieben wird. Für unsere Belange reicht die Verwendung von ARG in der Form ARG (n, kette) aus, n ist dabei eine nicht-negative ganze FORMAC-Zahl. ARG liefert dann das n-te Element der als zweites Argument angegebenen Kette. So würde die Fortsetzung des obigen Beispiels mit

```
LET (A1 = ARG(1,X); A2 = ARG(2,X);
     A3 = ARG(3,X));
```

bewirken

A1:= A, A2:= B+2, A3:= C .

Wir wollen die Möglichkeit der Nutzung von Ketten noch durch Verwendung der universellen Substitutionsfunktion EVAL erweitern. Dies sei durch das folgende Beispiel demonstriert:

```
LET (X=CHAIN(A,B,B,E,C,A);
     Y=A*(A+B)+C*(A+D);
     Z=EVAL(Y,X));
```

erzeugt

```
Z:= B(B+E)+A(B+D) .
```

Man beachte hierbei die von EVAL durchgeführte Parallelsubstitution.
Nachfolgend die zweite Version des FORMAC-Programms:

```
PGGT2: PROC (A,B,C,D,P);
       OPTSET(EXPND);
       DCL (A,B) CHAR(*), (C,D,P) CHAR(8) VAR;
```

```
        LOCALIZE(A;B;C;D;P;U;V;T;Z;N;G;R;HP);
        CET(A=A;B=B);
        LET(U=(1,0,A);
            V=(0,1,B));
        DO WHILE( IDENT(ARG(3,V);0);
           LET(Z=ARG(3,U); N=ARG(3,V));
           CALL PDIV('Z','N','G','R');
           LET(T=(ARG(1,U)-ARG(1,V)*G,
                  ARG(2,U)-ARG(2,V)*G,
                  ARG(3,U)-ARG(3,V)*G);
               U=(V);
               V=(T));
         END;
         LET(HP=HIGHPOW(ARG(3,U),X);
             D=ARG(1,U)/HP;
             C=ARG(2,U)/HP;
             P=ARG(3,U)/HP);
         RET(D=D; C=C; P=P);
         UNLOCALIZE(A;B;C;D;P;U;V;T;Z;N;G;R;HP);
END PGGT2;
```

Wir geben nun eine Lösung der behandelten Aufgabenstellung an, bei der keinerlei formale Operationen, sondern lediglich numerische Rechnungen sowie das Lösen eines Gleichungssystems mit rationalen Koeffizienten nötig sind. Es seien also wieder gegeben

$A(x)$, $B(x)$ — Polynome mit rationalen Koeffizienten,

wobei $A(x)$ und $B(x)$ teilerfremd sind;
gesucht sind Polynome

$$C(x),\ D(x) \quad \text{mit } \deg(C) < \deg(A)\ , \quad \deg(D) < \deg(B)\ , \tag{19}$$

so daß

$$A \cdot D + B \cdot C = 1\ . \tag{20}$$

Wir wollen einen unbestimmten Ansatz für C, D vornehmen. Die gesuchten Koeffizienten dieser Polynome werden durch Koeffizientenvergleich ermittelt.
Wir setzen zunächst an

$$A = a_m x^m + \ldots + a_1 x + a_0\ ,$$

$$B = b_n x^n + \ldots + b_1 x + b_0 \qquad \text{– als gegebene Größen und}$$

$$C = c_{m-1} x^{m-1} + \ldots + c_1 x + c_0\ ,$$

$$D = d_{n-1} x^{n-1} + \ldots + d_1 x + d_0 \ \text{– als gesuchte Größen.}$$

Es wird wegen (19) k=m-1, l=n-1 gesetzt. Dies kann durchaus zur Folge haben, daß k=m-1 und l=n-1 nur der formale Grad von C bzw. D sind, der reale Grad hingegen kleiner ist. Das hat aber auf den Lösungsweg keinen Einfluß, es bedeutet lediglich, daß u.U. c_{m-1}, d_{n-1} verschwinden. Mit dem Ansatz für C und D läßt sich (18) in Matrizenschreibweise darstellen:

$$\begin{bmatrix} a_m & & 0 & b_n & & 0 \\ \vdots & \ddots & & \vdots & \ddots & \\ a_1 & & a_m & b_1 & & b_n \\ a_0 & \ddots & \vdots & b_0 & \ddots & \vdots \\ 0 & & a_1 & 0 & & b_1 \\ & & a_0 & & & b_0 \end{bmatrix} \cdot \begin{bmatrix} d_{n-1} \\ \vdots \\ d_0 \\ C_{n-1} \\ \vdots \\ C_0 \end{bmatrix} = \begin{bmatrix} 0 \\ 0 \\ \vdots \\ \vdots \\ 0 \\ 1 \end{bmatrix} \quad \text{m+1 Zeilen} \qquad (21)$$

n Spalten m Spalten

Da nach dem Satz vom ggT unter den Voraussetzungen (19) die Beziehung (20) stets eindeutig C und D liefert, ist folglich auch das Gleichungssystem (21) stets widerspruchsfrei lösbar. Darüber hinaus sind alle in (21) vorkommenden Größen rationale Zahlen. Somit wird eine nach dem Gaußschen Eliminationsverfahren gefundene Lösung ohne Rundungsfehler sein, sofern als Basis eine Rationalarithmetik verfügbar ist.

Algorithmus PGGT3:

Eingabe: Ausgabe: wie Algorithmus PGGT1

```
Algorithmus: m:=deg(A)  n:=deg(B)
             for j:=1 to m+n do
              for i:=1 to m+n do
                 Belegen der Matrix A mit den Elementen a_ij
                 a_ij:=0
              end
             end
             for i:=m to 0 step -1 do
               for j:=1 to n do
                 a_m-i+j,j:=a_i
               end
             end
             for i:=n to 0 step -1 do
               for j:=n+1 to n+m do
                 a_j-i,j:=b_i
               end
             end
             for i:=1 to n+m-1 do
                 b_i:=0
             end
```

```
b_{n+m}:=1                    rechte Seite
X:= gls (A,B)
k:=m-1  l:=n-1
C:=0  D:=0
for i:=k to 0 step -1 do
   C:=C+X_{m+n-i}·x^i
end
for i:=l to 0 step -1 do
   D:=D+X_{e-i+1}·x^i
end
```

Einige Bemerkungen zum folgenden Programm PGGT3:
In PGGT3 wird die Prozedur GLS zur Lösung eines linearen Gleichungssystems mit rationalen Koeffizienten und quadratischer Koeffizientenmatrix der Ordnung n verwendet. Die Koeffizientenmatrix A, der Vektor der rechten Seite B und der Lösungsvektor X werden als globale Parameter AQ, BQ, XQ verwendet und sind in ihrer Gesamtheit indizierte FORMAC-Variable. Der Parameter N zur Kennzeichnung der Ordnung des Gleichungssystems ist eine ganzzahlige PL/1-Größe.

FORMAC-Programm zum Algorithmus PGGT3:

```
PGGT3: PROC(A,B,C,D,P);
     LOCALIZE(B;C;D;P);
     DCL(M,N,I,J,K) BIN FIXED;
     DCL(A,B) CHAR(120) VAR,(C,D,P) CHAR(8);
     CET(A=A;B=B);
     LET(M=HIGHPOW(A,X);N=HIGHPOW(B,X));
     M=INTEGER(M); N=INTEGER(N);
     DO I=1 TO M; FIXEDA(I=I);
       LET(A(I)=COEFF(A,X**I)); END;
     LET(A(0)=EVAL(A,X,0));
     DO I=1 TO N; FIXEDA(I=I);
       LET(B(I)=COEFF(B,X**I)); END;
     LET(B(0)=EVAL(B,X,0));
     DO J=1 TO N+M; FIXEDA(J=J);
       DO I=1 TO N+M; FIXEDA(I=I);
         LET(AQ(I,J)=0);
       END;
     END;
     DO I=M TO 0 BY (-1); FIXEDA(I=I);
       DO J=1 TO N; FIXEDA(J=J);
         LET(AQ(M-I+J,J)=A(I)); END;
     END;
```

```
    DO I=N TO 0 BY (-1); FIXEDA(I=I);
      DO J=N+1 TO N+M; FIXEDA(J=J);
        LET(Q(J-I,J)=B(I));
      END;
    END;
    DO I=1 TO N+M-1; FIXEDA(I=I);
      LET(BQ(I)=0);
    END;
    LET(BQ(N+M)=1);
    K=M-1; L=N-1; N=N+M; FIXEDA(L=L;K=K;N=N);
    CALL GLS(N);
    LET(C=0;D=0);
    DO I=K TO 0 BY -1; FIXEDA(I=I);
      LET(C=C+XQ(N-I)*X**I);
    END;
    DO I=L TO 0 BY -1; FIXEDA(I=I);
      LET(D=D+XQ(L-L+1)*X**I);
    END;
    OPTSET(EXPND);
    LET(P=A*D+B*C);
    RET(C=C;D=D;P=P);
    UNLOCALIZE(P;D;C;B;A);
END PGGT3;
```

Als Vorstufe zur Partialbruchzerlegung rationaler Funktionen wollen wir die Aufgabenstellung jetzt verallgemeinern. Es gilt zunächst der Satz:

Zu gegebenen teilerfremden Polynomen $A(x)$, $B(x) \in Q[x]$ und $E(x) \in Q[x]$ mit $\deg(E) < \deg(A) + \deg(B)$ existieren stets bis auf rationalzahlige Faktoren eindeutige $\overline{C}(x)$, $\overline{D}(x)$ mit

$$\deg(\overline{D}) < \deg(B) ,$$

$$\deg(\overline{C}) < \deg(A) , \quad \text{so daß}$$

$$A(x) \cdot \overline{D}(x) + B(x) \cdot \overline{C}(x) = E(x) . \qquad (22)$$

Der Beweis des Satzes wird konstruktiv geführt, er liefert gleichzeitig den Algorithmus zur Ermittlung von $C(x)$ und $D(x)$ und besteht aus zwei wesentlichen Schritten:

1. Zunächst werden eindeutige D, C ermittelt, so daß

$$A \cdot D + B \cdot C = 1 , \quad \text{wobei}$$

$$\deg(C) < \deg(A) \quad \text{und}$$

$$\deg(D) < \deg(B) .$$

2. Aus $A \cdot D + B \cdot C = 1$ folgt nach Multiplikation mit E

$$A \cdot (DE) + B \cdot (CE) = E\,, \tag{23}$$

Zwei Fälle sind nun möglich:

a) Falls $\deg(DE) < \deg(B)$, so wird
$\overline{D} := D \cdot E$, $\overline{C} := C \cdot D$ gesetzt.
Wir erhalten nach Division von (23) durch A B:

$$\frac{D \cdot E}{B} + \frac{C \cdot E}{A} = \frac{E}{A \cdot B}$$

. Wegen $\deg(E) < \deg(A) + \deg(B)$ kann rechts kein ganzer Anteil entstehen; und da $\deg(D \cdot E) < \deg(B)$, kann dies auch links nicht geschehen, so daß in der Tat $\deg(C \cdot E) < \deg(A)$ ist.
Damit erfüllen D, C die geforderten Bedingungen.

b) Für $\deg(DE) \geq \deg(B)$ wird $D \cdot E$ durch B dividiert.

$DE = G \cdot B + R \cdot A$, $\deg(R) < \deg(B)$,

$$\deg(G) = \deg(D) + \deg(E) - \deg(B)$$
$$< \deg(D) + \deg(A) < \deg(B) + \deg(A)\,.$$

Es wird dann $\overline{D} := R$ gesetzt.
Wir erhalten somit

$$\frac{E}{A \cdot B} = \frac{D \cdot E}{B} + \frac{C \cdot E}{A} = G + \frac{R}{B} + \frac{C \cdot E}{A} = \frac{R}{B} + \frac{C \cdot E + G \cdot A}{A}$$

, also

$$A \cdot R + B \cdot (C \cdot E + G \cdot A) = E\,.$$

Wir setzen $\overline{C} := C \cdot E + G \cdot A$; es folgt sofort $\deg(\overline{C}) < \deg(A)$.
Damit erfüllen auch im Fall b) $\overline{C}(x)$ und $\overline{D}(x)$ die Bedingungen.
Die Eindeutigkeit von $\overline{C}$ und $\overline{D}$ folgt aus der Eindeutigkeit der im Schritt 1 ermittelten C(x) und D(x) und daraus, daß im Schritt 2 gilt

$$\deg(E) < \deg(A) + \deg(B)\,.$$

Nachfolgend nun der Algorithmus EUKLID1 zur Lösung der betrachteten Aufgabe.

<u>Algorithmus EUKLID1:</u>

Eingabe: $A(x), B(x) \in Q[x]$,
$E(x) \in Q[x]$ mit
$\deg(E) < \deg(A) + \deg(B)$,
$ggT(A(x), B(x)) = 1$

Ausgabe: $\overline{C}(x), \overline{D}(x) \in Q[x]$ mit
$\deg(\overline{C}) < \deg(A)$,
$\deg(\overline{D}) < \deg(B)$, so daß
$A(x) \cdot \overline{D}(x) + B(x) \cdot \overline{C}(x) = E(x)$

Algorithmus:

Schritt 1: Ermittle D(x), C(x), so daß
$A(x) \cdot D(x) + B(x) \cdot C(x) = 1$

```
Schritt 2: DE:= D*E
           if deg(DE) < deg(B)
                then do
                D̄:=DE
                C̄:=C*E
                end
             else do
                G:= quotient (DE, B)
                D̄:= rem (DE, B)
                C̄:= A · G + C · E
                end
           return (C(x), D(x))
```

FORMAC-Programm:

```
EUKLID1: PROC(A,B,CQ,DQ,E);
         OPTSET(EXPND);
         LOCALIZE(A;B;CQ;DQ;E);
         DCL(A,B,E) CHAR(*),
            (CQ,DQ) CHAR(8);
         CET(A=A; B=B; E=E);
         /*SCHRITT1:*/
         CALL PGGT1('A','B','C','D','P');
         /*SCHRITT2:*/
         LET(DE = D*E; DEGR = HIGHPOW(DE,X));
         BGR = INTEGER(DEGR);
         IDEGR = INTEGER(DEGR);
         IBGR = INTEGER(BGR);
         IF IDEGR   IBGR THEN DO;
            LET(DQ = DE; DQ = C*E);
            END;
            ELSE DO;
            CALL PDIV('DE','B','G','R');
            LET(DQ = R; CQ = G * A + C * E);
            END;
         RET(CQ = CQ; DQ = DQ);
         UNLOCALIZE(E;DQ;CQ;B;A);
END EUKLID1;
```

In Anlehnung an die bereits beschriebene Vorgehensweise wollen wir die hier behandelte Problematik ebenfalls durch unbestimmten Ansatz und Koeffizientenvergleich lösen. Seien also

$A(x), B(x), E(x) \in Q[x]$ gegeben,

wobei $\deg(E) < \deg(A) + \deg(B)$. (24)

Dann sind $\overline{C}(x)$, $\overline{D}(x)$ zu ermitteln, so daß

$$A \cdot \overline{D} + B \cdot \overline{C} = E \text{ gilt.} \qquad (25)$$

Wenn (24) erfüllt ist, existieren stets eindeutige $\overline{D}$, $\overline{C}$ mit

$\deg(\overline{D}) < \deg(B)$,

$\deg(\overline{C}) < \deg(A)$, so daß (25) gilt.

Wir vermeiden jetzt den Zwischenschritt der Ermittlung von C(x) und D(x) und setzen sofort formal an:

$$A = a_m x^m + \ldots + a_0 ,$$

$$B = b_n x^n + \ldots + b_0 ,$$

$$E = e_{m+n-1} x^{m+n-1} + \ldots + e_0 ,$$

$$C = c_{m-1} x^{m-1} + \ldots + c_0 ,$$

$$D = d_{n-1} x^{n-1} + \ldots + d_0 .$$

Falls deg(E) m+n-1 gilt, so sind formal die restlichen Koeffizienten von E mit Null zu belegen.

Die Beziehung (25) läßt sich in Matrizenschreibweise darstellen als:

$$\begin{bmatrix} a_m & & 0 & b_n & & 0 \\ \vdots & \ddots & & \vdots & \ddots & \\ a_1 & & a_m & b_1 & & b_n \\ a_0 & \ddots & \vdots & b_0 & \ddots & \vdots \\ & \ddots & a_1 & & \ddots & b_1 \\ 0 & & a_0 & 0 & & b_0 \end{bmatrix} \cdot \begin{bmatrix} d_{n-1} \\ \vdots \\ d_0 \\ c_{m-1} \\ \vdots \\ c_0 \end{bmatrix} = \begin{bmatrix} e_{m-n-1} \\ \\ \\ \\ \\ e_0 \end{bmatrix} . \qquad (26)$$

Dieses Gleichungssystem unterscheidet sich nur in der rechten Seite von dem System (21).

Es ist gleichfalls widerspruchsfrei lösbar, wenn die Voraussetzung (24) erfüllt ist.

<u>Algorithmus EUKLID2:</u>

Eingabe, Ausgabe: wie Algorithmus EUKLID1

Algorithmus: m:= deg(A) n:= deg(B)

```
for j:= 1 to m+n do
    for i:= 1 to m+n do
        a_ij:= 0
    end
end
```

```
for i:= m to 0 step -1 do
    for j:= 1 to n do
        a_{m-i+j,j} := a_i
    end
end
for i:= n to 0 step -1 do
    for j:= n+1 to m+n do
        a_{j-i,j} := b_i
    end
end
for i:= n+m-1 to 0 step -1 do
    b_i := coeff (E,x^{m+n-i})
end
X:= gls(A,B)
{Lösen des Gleichungssystems A · X = B, A = (a_ij)}
k:= m-1  l:= n-1
C:= 0    D:= 0
for i:= k to 0 step -1 do
    C:= C + X_{n-i}·x^i
end
for i:=l to 0 step -1 do
    D:= D + X_{l-i+1}· x^i
end
return (C(x), D(x))
```

Nachfolgend die zu diesem Algorithmus gehörende FORMAC-Prozedur:

```
EUKLID2: PROC(A,B,CQ,DQ,E);
         LOCALIZE(A;B;CQ;DQ;E);
         DCL(A,B,E) CHAR(8) VARYING,(CQ,DQ)CHAR(*);
         CET(A=A; B=B; E=E);
         LET(M=HIGHPOW(A,X); N=HIGHPOW(B,X));
         M=INTEGER(M); N=INTEGER(N);
         DO I=1 TO M; FIXEDA(I=I);
           LET(A(I)=COEFF(A,X**I)); END;
         LET(A(0)=EVAL(A,X,0));
         DO I=1 TO N; FIXEDA(I=I);
           LET(B(I)=COEFF(B,X**I)); END;
         LET(B(0)=EVAL(B,X,0));
         DO J=1 TO N+M; FIXEDA(J=J);
           DO I=1 TO N+M; FIXEDA(I=I);
             LET(AQ(I,J)=0);
           END;
         END;
```

```
        DO I=M TO 0 BY -1; FIXEDA(I=I);
          DO J=1 TO N; FIXEDA(J=J);
            LET(AQ(M-I+J,J)=A(I));
          END;
        END;
        DO I=N TO 0 BY -1; FIXEDA(I=I);
          DO J=N+1 TO N+M; FIXEDA(J=J);
            LET(AQ(J-I,J)=B(I));
          END;
        END;
        DO I=N+M-1 TO 0 BY -1; FIXEDA(I=I);
          LET(BQ(I)=COEFF(E,X**(N+M-I)));
        END;
        LET(BQ(N+M)=EVAL(E,X,0));
        K=M-1; L=N-1; FIXEDA(N=N);
        CALL GLS(N);
        LET(C=0;D=0);
        DO I=K TO 0 BY -1; FIXEDA(I=I);
          LET(C=C+XQ(N-I)*X**I);
        END;
        FIXEDA(L=L);
        DO I=L TO 0 BY -1; FIXEDA(I=I);
          LET(D=D+XQ(L-I+1)*X**I);
        END;
        RET(CQ=CQ; DQ=DQ);
        UNLOCALIZE(E;DQ;CQ;B;A);
END EUKLID2;
```

Im folgenden geben wir die Prozedur GLS zur Lösung eines Gleichungssystems mit rationalen Koeffizienten nach dem Algorithmus von Gauß an. Der Mechanismus der Parameterübergabe und der Beziehung der verwendeten Größen wurde im Zusammenhang mit dem Programm PGGT3 bereits erläutert.

```
GLS: PROC(N);
      FIXEDA(N=N);
      DO IP=1 TO N-1; FIXEDA(IP=IP);
        LET(M=0);
        DO I=IP TO N; FIXEDA(I=I);
          FIXEDA(I=I);
          LET(M1=AQ(IP,I)*STEP(0,0,AQ(IP,I))-AQ(IP,I)*
                STEP(AQ(IP,I),0,1));
```

```
        IF IDENT(STEP(M,M,M1);1) THEN
          DO J=IP TO N; FIXEDA(J=J);
            LET(M=AQ(IP,J);AQ(IP,J)=AQ(IM,J);AQ(IM,J)=M);
          END;
        LET(M=BQ(IP);BQ(IP)=BQ(IM);BQ(IM)=M);
      END;
      DO I=IP+1 TO N; FIXEDA(I=I);
        LET(M=-AQ(I,IP)/AQ(IP,IP);AQ(I,IP)=0);
        DO J=IP+1 TO N; FIXEDA(J=J);
          LET(AQ(I,J)=AQ(I,J)+AQ(IP,J)*M);
        END;
        LET(BQ(I)=BQ(I)+BQ(IP)*M);
      END;
    END;
    LET(XQ(N)=BQ(N)/AQ(N,N));
    DO IP=N-1 BY -1 TO 1; FIXEDA(IP=IP);
      DO J=IP+1 TO N; FIXEDA(J=J);
        LET(BQ(IP)=BQ(IP)-AQ(IP,J)*XQ(J));
      END;
      LET(XQ(IP)=BQ(IP)/AQ(IP,IP));
    END;
END GLS;
```

Wir wollen jetzt die Forderung

$$\deg(E) < \deg(A) + \deg(B)$$

fallen lassen und noch kurz die sich daraus ergebenden Konsequenzen betrachten.

Seien also $A, B, E \in Q[x]$ gegeben mit

$$\deg(E) \geq \deg(A) + \deg(B) \ . \tag{27}$$

Gesucht seien unter dieser Annahme $\overline{C}, \overline{D} \in Q[x]$, so daß

$$A \cdot \overline{D} + B \cdot \overline{C} = E \ . \tag{28}$$

Wegen (27) muß gelten

$$E = G \cdot (A \cdot B) + E_1 \quad \text{mit}$$
$$\deg(E_1) < \deg(A) + \deg(B) \quad \text{und}$$
$$\deg(G) \geq 0 \ .$$

Damit wird (28) zu

$$E = A \cdot \overline{D} + B \cdot \overline{C} = G \cdot (A \cdot B) + E_1$$ bzw. nach Division durch $(A \cdot B)$:

$$\overline{D}/B + \overline{C}/A = G + E_1/(A \cdot B) = E/(A \cdot B).$$

Wegen $\deg(G) \geq 0$ muß aber sofort

$$\overline{C}/A = G_2 + C_1/A \quad \text{bzw.} \quad \overline{C} = G_2 \cdot A + C_1$$ sein, wobei

$$\deg(G_1) \geq 0, \ \deg(G_2) \geq 0,$$
$$\deg(D_1) < \deg(B), \ \deg(C_1) < \deg(A) \ .$$

Wir erhalten

$D_1/B + C_1/A + G_1 + G_2 = E_1/(A\ B) + G$. Damit gilt

$G_1 + G_2 = G$, und es ergibt sich

$D_1/B + C_1/A = E_1/(A\cdot B)$ bzw.

$$A\cdot D_1 + B\cdot C_1 = E_1. \tag{29}$$

(29) ist nun aber eindeutig lösbar; D_1 und C_1 seien nach einem der beschriebenen Algorithmen ermittelt. Es gibt dann beliebig viele Lösungen $\overline{C}$, $\overline{D}$;

nämlich alle

$\overline{C} = A\cdot G_2 + C_1$ und

$\overline{D} = B\cdot(G - G_2) + D_1$

erfüllen bei frei wählbarem G_2 die Beziehung (28). Damit ist für diesen Fall die Existenz einer Lösung gesichert, diese ist aber nicht eindeutig.

Der folgende Algorithmus PGL und das zugehörige gleichnamige Programm ermitteln Lösungen der Polynomgleichung

$A\cdot\overline{D} + B\cdot\overline{C} = E$,

und zwar nach folgendem Prinzip:

- Wenn diese Gleichung eindeutig lösbar ist, also $\deg(E) < \deg(A) + \deg(B)$, dann werden eindeutige $\overline{D}(x)$, $\overline{C}(x)$ nach dem Algorithmus EUKLID1 ermittelt.
- Im Falle der mehrdeutigen Lösbarkeit werden aus der Vielfalt der Lösungen

  $\overline{C} = A\cdot G_2 + C_1$,

  $\overline{D} = B\cdot(G - G_2) + D_1$ mit frei wählbarem G_2

  zwei Lösungen ausgewählt, zum einen $G_2 = G$, also

  $\overline{C} = A\cdot G + C_1$,

  $\overline{D} = D_1$,

  zum anderen $G_2 = 0$, also

  $\overline{C} = C_1$,

  $\overline{D} = B\cdot G_1 + D_1$.

<u>Algorithmus PGL</u>

Eingabe: $A(x), B(x), E(x) \in Q[x]$

Ausgabe: $C(x), D(x), P(x), \overline{C}(x), \overline{D}(x) \in Q[x]$

mit $P = \mathrm{ggT}(A,B)$, so daß

$A(x)\cdot D(x) + B(X)\cdot C(x) = P(x)$ und

$A(x)\cdot\overline{D}(x) + B(x)\cdot\overline{C}(x) = E(x)$, wobei

für den Fall $\deg(E) \geq \deg(A) + \deg(B)$ (Mehrdeutigkeit)

zwei Lösungen $\overline{D}_1(x)$, $\overline{C}_1(x)$ und $\overline{D}_2(x)$, $\overline{C}_2(x)$

erzeugt werden.

Algorithmus:

Schritt 0: {Vorbereitungsschritt}

```
          if deg(E) ≥ deg(A) + deg(B) then do
                 G1:= quotient(E(A·B))
                 R:= rem(E(A·B))
                 E:= R
              viel := 'mehr'
```

Schritt 1, Schritt 2 stimmen mit dem Algorithmus EUKLID1 überein.

Schritt 3: Behandlung der mehrdeutigen Fälle

```
          if viel = 'mehr' then do
                            C1:=G·A + CQ
                            D1:=DQ
                            D2:=G·B + DQ
                            C2:=CQ
                            end
```

Das nachfolgende FORMAC-Programm ist als Hauptprogramm organisiert. Es liest die Polynome A(x),B(x),E(x) ein und gibt im Falle der Mehrdeutigkeit jeweils zwei Lösungen aus.

```
PGL:PROC OPTIONS(MAIN);
    FORMAC_OPTIONS;
    DCL (A,B,E) CHAR(50)VAR;
    DCL VIEL CHAR(4) INIT('');
    GET LIST (A,B,E);
    CET(A=A; B=B; E=E);
    LET(EGR=HIGHPOW(E,X);
        AGR=HIGHPOW(A,X);
        BGR=HIGHPOW(B,X));
    EGR=INTEGER(EGR);
    AGR=INTEGER(AGR);
    BGR=INTEGER(BGR);
    IF EGR >= AGR + BGR THEN DO;
                      CALL PDIV('E','A*B','G','R');
                      LET(E=R);
                      VIEL='MEHR';
                      END;
    CALL EUKLID1('A','B','CQ','DQ','E');
    IF VIEL='MEHR' THEN DO;
                 LET(CQ1 = G*A+CQ;
                     DQ1 = DQ;
                     CQ2 = CQ;
                     DQ2 = G*B+DQ);
                 END;
    PRINT_OUT (CQ;DQ;CQ1;DQ1;CQ2;DQ2;P);
END PGL;
```

In den betrachteten Fällen wurden zur Ermittlung des ggT Polynome mit rationalen Koeffizienten vorausgesetzt. Da Q[x] ein Euklidischer Ring ist, konnten die Algorithmen zur Polynomdivision dabei verwendet werden. Es ist andererseits aber ebenso sinnvoll, den ggT von Polynomen mit ganzzahligen Polynomen zu ermitteln, denn da Z ein ZPE-Ring ist, so gilt dies auch für Z[x].

Zunächst wiederum einige Begriffe und Eigenschaften:

Seien U(x), V(x) Polynome aus Z[x]. Als Inhalt eines Polynoms, abgekürzt mit cont, bezeichnen wir den ggT seiner Koeffizienten.

Ein Polynom U(x) mit cont(U)=1 heißt primitiv. Ein beliebiges Polynom $U(x) \in Z[x]$ kann dann auch geschrieben werden als

$$U(x) = \text{cont}(U) \cdot \text{pp}(U) .$$

Wir bezeichnen pp(U) = U/cont(U) als primitiven Teil von U.

Es gilt
$$\begin{aligned}
\text{cont}(U \cdot V) &= \text{cont}(U) \cdot \text{cont}(V) ,\\
\text{pp}(U \cdot V) &= \text{pp}(U) \cdot \text{pp}(V) ,\\
\text{cont}(\text{ggT}(U,V)) &= \text{ggT}(\text{cont}(U),\text{cont}(V)) ,\\
\text{pp}(\text{ggT}(U,V)) &= \text{ggT}(\text{pp}(U),\text{pp}(V)) .
\end{aligned}$$

Hieraus folgt nun mit
$$\begin{aligned}
U(x) &= \text{cont}(U) \cdot \text{pp}(U) ,\\
V(x) &= \text{cont}(V) \cdot \text{pp}(V) ,\\
\text{ggT}(U(x),V(x) &= \text{cont}(\text{ggT}(U,V) \cdot \text{pp}(\text{ggT}(U,V))\\
&= d \; \text{ggT}(\text{pp}(U),\text{pp}(V)) \quad \text{mit } d = \text{ggT}(\text{cont}(U),\text{cont}(V)) .
\end{aligned}$$

Gesucht sei nun der ggT von U(x) und V(x). Dann läßt sich der Euklidische Algorithmus auf Grund der notwendigen Division nicht mehr anwenden. Es kann hingegen unter Verwendung des Algorithmus zur Pseudodivision ein verallgemeinerter Euklidischer Algorithmus aufgebaut werden. Dabei wird auf sogenannten primitiven Polynomen gearbeitet, d.h. auf Polynomen, deren Koeffizienten teilerfremd sind:

Seien U(x),V(x) primitive Polynome mit deg(U)   deg(V).

Es wird mittels Pseudodivision r(x) so bestimmt, daß

$$\text{lc}(V)^{m-n+1} U(x) = q(x) \cdot V(x) + r(x).$$

Jetzt ist ggT(U(x),V(x)) = ggT(V(x),r(x)), denn irgendein gemeinsamer Teiler von V(x) und U(x) teilt V(x) und r(x). Folglich teilt ein beliebiger gemeinsamer Teiler von V(x) und r(x) auch $\text{lc}(V)^{m-n+1}U(x)$ und ist primitiv. Wenn r(x) 0, ist deshalb ggT(U(x),V(x)) = V(x), ansonsten ist ggT(V(x),r(x)) = ggT(V(x),pp(r(x))).

Dieser Prozeß kann nun iterativ fortgesetzt werden.

Wir geben nun den Algorithmus CONT und das dazugehörige Programm zur Ermittlung des Inhalts eines Polynoms aus Z x an. Der Algorithmus beruht auf fortgesetzter Anwendung des Teilalgorithmus GGTN auf die Koeffizienten des zu betrachtenden Polynoms, nutzt also aus, daß

$$\begin{aligned}
&\text{ggT}(a_1, \ldots, a_n) ,\\
&\text{ggT}(\text{ggT}(a_1, \ldots, a_{n-1}), a_n) ,\\
&\text{mit } a_1, \ldots, a_n \in Z .
\end{aligned}$$

Algorithmus CONT (Inhalt eines Polynoms)

Eingabe: $U(x) = u_n x^n + \ldots + u_0 \in Z[x]$

Ausgabe: $d = ggT(u_0, u_1, \ldots, u_n)$

Algorithmus:

```
n:= deg(U)
d:= u_n
j:= n
while (d ≠ 1 and j > 0) do
      j:= j-1
      d:= ggT(u_j,d)   {ggT zweier ganzer Zahlen}
end
return (d)
```

Nachfolgend die zugehörige F_Prozedur. Diese benutzt die PL/1-Funktionsprozedur GGTN zur Ermittlung des ggT zweier ganzer Zahlen.

```
CONT: F_PROCEDURE(U)
      LOCAL(I;N= HIGHPOW(U,X);D;J);
      N=INTEGER(N);
      LET(D=COEFF(U,X**N));
      ID=INTEGER(D);
      J=N; FIXEDA (J=J);
      DO WHILE(¬IDENT(D;1)&(J>0));
         J=J-1; FIXEDA (J=J);
         UJ=INTEGER(COEFF(U,X**J));
         ID=GGTN(ID,UJ);
         FIXEDA(D=ID);
      END;
      UJ=INTEGER(EVAL(U,X,0));
      ID=GGTN(ID,UJ);
      FIXEDA(D=ID);
      F_RETURN(D);
F_END CONT;
```

Anmerkung: Die gegenüber der Algorithmusdarstellung leicht geänderte Programmstruktur ergibt sich aus der Notwendigkeit, das Absolutglied von U(x) mittels EVAL(U,X,0) zu bestimmen.

Mit dem folgenden Algorithmus VEUKLID wird der ggT zweier Polynome aus Z[x] unter Verwendung der Pseudodivision und des Algorithmus CONT bestimmt.

```
Algorithmus VEUKLID
Eingabe: U(x), V(x) ∈ Z[x]
Ausgabe: P(x) = ggT(U(x), V(x))
Algorithmus:Schritt 1: d:= ggT(cont(U), cont(V))
             U:=U/cont(U)
             V:=V/cont(V)
Schritt 2:   Pseudodivision
             r(x):= prem(U(x), V(x))
             if r(x) = 0 then goto Schritt 4
             if deg(r(x)) = 0 then
                                 do V(x):= 1 goto Schritt 4 end
Schritt 3:   U(x):= V(x)
             V(x):= r(x)/cont(r(x))
             goto Schritt 2
Schritt 4:   P(x):= d·V(x)
             return (P(x))
```

Die nachfolgende F_Prozedur realisiert den Algorithmus VEUKLID; sie verwendet die F_Prozedur CONT und die Prozeduren PSDIV und GGTN.

```
VEUKLID: F_PROCEDURE(U,V)
         LOCAL (CONTU;CONTV;D);
         OPTSET(EXPND);
         F_FUNCTION (CONT);
         LET(CONTU=CONT(U);
             CONTV=CONT(V));
         IU=INTEGER(CONTU);
         IV=INTEGER(CONTV);
         D=GGTN(IU,IV);
         FIXEDA(D=D);
         LET(U=U/CONTU;
             V=V/CONTV);
   STEP2:CALL PSDIV('U','V','Q','R');
         IF IDENT(R;0) THEN GOTO STEP4;
         IF IDENT(HIGHPOW(R,X);0) THEN
            DO; LET(V=1); GOTO STEP4; END;
         LET(U=V);
         LET(RCONT=CONT(R));
         LET(R=R/RCONT);
         GOTO STEP2;
   STEP4:LET(P=D*V);
         F_RETURN(P);
F_END VEUKLID;
```

Abschließend geben wir noch eine auf Collins /4/ zurückgehende modifizierte Version des Algorithmus VEUKLID an:

<u>Algorithmus COLLINS:</u>

```
Eingabe, Ausgabe: wie bei VEUKLID
Schritt 1: d:=ggT(cont(U), cont(V))
           U:=pp(U)  V:=pp(V)
           a:=1
Schritt 2:  Pseudodivision
           b:=lc(V)
           r(x):=prem(U,V)
           if r(x)=0 then goto Schritt 4
           if (deg(R(x)=0) then do V(x):=1  goto  Schritt 4 end
Schritt 3: U(x):=V(x)
           V(x):=r(x)/a
              a:=b
           goto Schritt 2
Schritt 4: P(x):=d·pp(V(x))
```

Auf die Angabe eines FORMAC-Programmes hierzu wollen wir verzichten.

An dieser Stelle ist es notwendig, auf ein generelles Problem hinzuweisen:

Einerseits haben wir hier nur die Ermittlung größter gemeinsamer Teiler von Polynomen in einer Variablen behandelt. Die angegebenen Algorithmen lassen sich aber ohne Schwierigkeiten auf Polynome mehrerer Variabler verallgemeinern.

Andererseits enthält der Euklidische Algorithmus doch eine grundsätzliche Schwierigkeit, so einfach er sich auch formulieren und programmieren läßt. Das Problem besteht darin, daß durch die notwendigen Divisionen sehr rasch ein Wachstum der Koeffizienten auftritt, das bis hin zum Überlauf führt. Dieser Effekt führte zu einer intensiven Untersuchung des Verhaltens der Koeffizienten, speziell durch Collins /5/ und Brown /3/ und, daraus resultierend, zur Entwicklung einer Reihe modifizierter Algorithmen, die dieses Anwachsen der Koeffizienten vermeiden. Erwähnt seien hier nur die auf sogenannten Polynomrestfolgen (PRS - polynomial remainder sequences) basierenden Algorithmen, auf die Ausnutzung der Theorie der Subresultanten und auf die modularen Algorithmen.

3.1.8. Polynomfaktorisierung

Eine der wesentlichen Aufgaben der Polynommanipulation ist die der Faktorisierung, d.h. der Zerlegung eines Polynoms in seine Teiler. Es ist dies eine wichtige vorbereitende Operation, um z.B. Partialbruchzerlegungen rationaler Funktionen durchführen zu können. Je nachdem, welche der Teiler eines Polynoms gesucht werden und in welcher algebraischen Struktur dabei gerechnet wird, wollen wir zwei Arten der Faktorisierung betrachten. Zunächst einige Definitionen und Begriffe:
Gegeben sei ein Polynom $B(x) \in Q[x]$.
$Q[x]$ ist ein ZPE-Ring; folglich existiert eine Zerlegung in Primfaktoren

$$B = \bar{B}_1^{\alpha_1} \cdot \bar{B}_2^{\alpha_2} \dots \bar{B}_n^{\alpha_n}, \quad \deg(B_i) \geq 1 , \tag{30}$$

wobei die B_i in $Q[x]$ nicht weiter zerlegbar sind, dies für alle i.
Diese Zerlegung ist bis auf die Reihenfolge eindeutig. Eine solche Zerlegung in irreduzible Faktoren nennen wir irreduzible Faktorisierung.
Falls B rationale Wurzeln besitzt, wird für gewisse B_i gelten

$\deg(\bar{B}_i) = 1$, das heißt $\bar{B}_i = x - x_i$, und

B hat dann die spezielle Form

$$\bar{B} = (x-x_1)^{\alpha_1} \dots (x-x_k)^{\alpha_k} \cdot \bar{B}_{k+1}^{\alpha_{k+1}} \dots \bar{B}_n^{\alpha_n}.$$

Wenn wir als Zahlenbereich auch den Körper der komplexen Zahlen C zulassen, so gilt nach dem Fundamentalsatz der Algebra

$$B = \prod_{i=1}^{m} (x-x_i)^{\alpha_i} , \quad x_i \in C .$$

In der Regel wird es uns nicht möglich sein, rein algebraisch diese Zerlegung in komplexe Faktoren zu ermitteln, so wünschenswert dies speziell für die Integration rationaler Funktionen auch sein möge.
Hingegen ist es algorithmisch möglich, eine irreduzible Faktorisierung über Q zu bestimmen; wir werden dazu auch einen Algorithmus angeben.
Wir nennen B(x) quadratfrei, wenn es keine mehrfachen Faktoren besitzt, wenn es also keiner Darstellung der Form $B = B_1 B_2^2$ genügt, wobei $ggT(B_1, B_2) = 1$.
Falls B nicht quadratfrei ist, so läßt sich aus (30) durch Zusammenfassen gleicher Exponenten die Darstellung

$B = B_1 B_2^2 B_3^3 \dots B_m^m$ gewinnen, wobei gilt:

- $ggT(B_i, B_j) = 1$ für $i \neq j$, (31)
- $B_i \in Q[x]$, $\deg(B_i) \geq 1$,
- B_i sind quadratfrei, in der Regel aber nicht irreduzibel.

Der Zusammenhang zwischen (30) und (31) ist in der Weise gegeben, daß B_i das Produkt aller irreduziblen Faktoren aus (30) ist, die die Vielfachheit i haben, also

$$B_i = \prod_{\alpha_i = i} \bar{B}_i .$$

Hieraus folgt auch, daß die B_i keinesfalls irreduzibel sein müssen.

Die Zerlegung (31) nennen wir quadratfreie Faktorisierung von B, genauer müßte es heißen, Zerlegung in quadratfreie Faktoren.
Eine quadratfreie Faktorisierung nach (31) ist nun in vielen Fällen bereits recht nützlich, wir werden dies bei der Integration rationaler Funktionen noch sehen. Darüber hinaus läßt sie sich auf einfache Weise gewinnen, es gilt nämlich:

$B' = B_2 \cdot B_3^2 \ldots B_m^{m-1}\, F$, wobei

$ggT(B_i, F) = 1$, also ist

$T_1 = ggT(B, B') = \prod B_i^{i-1}$. Weiter so fortfahrend, erhalten wir $T_2 = ggT(T_1, T_1') = \prod B_i^{i-2}$, allgemein ist

$T_j = ggT(T_{j-1}, T_{j-1}') = \prod B_i^{i-j}$.

Damit ist also

$$T_{m-1} = B_m = ggT(T_{m-2}, T_{m-2}'),$$
$$T_m = ggT(T_{m-1}, T_{m-1}') = 1 .$$

Hieraus können wir nun die einzelnen B_i ermitteln: Wir setzen

$$Q_i = T_{i-1}/T_i \quad (T_o = B,\ i=1(1)m)$$

und haben zwei Möglichkeiten zur Bestimmung der B_i:

1) $B_i = Q_i/Q_{i+1} \quad i=1(1)m$

oder

2) $B_i = T_{i-1} \cdot T_{i+1} / T_i^2$.

Wir können die quadratfreie Faktorisierung (31) ohne Beschränkung der Allgemeinheit und ohne wesentlichen Aufwand noch in der Weise modifizieren, daß wir alle B_i als normierte Polynome fordern.
(31) wird dann zu

$$B = B_0 \cdot B_1 \cdot B_2^2 \ldots B_m^m, \quad m \in N, \qquad (32)$$
$$B_0\ Q, \text{ d.h. } deg(B_0) = 0,$$
$$B_1, \ldots, B_m \in Q[x],$$
$$lc(B_i) = 1 .$$

(32) läßt sich einfach erhalten, indem zunächst $B_0 := lc(B)$ gesetzt wird und die zwischendurch entstehenden Polynome T_i in jedem Schritt normiert werden, also $T_i := T_i/lc(T_i)$.

Wir geben nachfolgend 3 Algorithmen zur quadratfreien Faktorisierung an. Die Algorithmen QFRFAK1 und QFRFAK2 gehen direkt von der Darstellung $B(x) = B_1 \cdot B_2^2 \ldots B_m^m$ aus.
Algorithmus QFRFAK3 benutzt den hier ohne Beweis angegebenen Sachverhalt:
Wenn $G = ggT(B, B')$, dann ist

$$B'/G - (B/G)' = B_1 \cdot (B_2' B_3 \ldots B_m + \ldots + (m-1) B_1 \ldots B_{m-1} B_m')$$

und

$$B_1 = ggT(B/G,\ B'/G - (B/G)')$$

usw.

<u>Algorithmus QFRFAK1</u>

Eingabe: $B(x) \in Q[x]$

Ausgabe: $B_1(x), \ldots, B_m(x) \in Q[x]$.

$m \in N$, so daß

$B(x) = \prod B_i^{\,i}(x)$ und $ggT(B_i, B_j) = 1$ für $i \neq j$

Algorithmus:

```
C1:= ggT(B,B')        D1:= B/C1
i := 1
while (deg(Ci) ≠ 0) do
      Ci+1  := ggT(Ci,Ci')
      Di+1  := Ci/Ci+1
      Bi  := Di/Di+1
      i  := i+1
end
m := i
return (m,B1, ..., Bm)
```

<u>Algorithmus QFRFAK2</u>

Eingabe, Ausgabe: wie bei QFRFAK1

Algorithmus:

```
C1  :=ggT(B,B')       D1  := B/C1
i := 1
while (deg(Di) ≠ 0) do
      Di+1  := ggT(Ci,Di)
      Ci+1  := Ci/Di+1
      Bi  := Di/Di+1
      i  :=i+1
end
m := i
return (m,B1, ..., Bm)
```

<u>Algorithmus QFRFAK3</u>

Eingabe, Ausgabe: wie bei QFRFAK1, QFRFAK2

Algorithmus:

```
G := ggT(B,B')
C1  := B/G            D1:= B'/G-C'1
i := 1
while (deg(Ci) ≠ 0) do
      Bi  := ggT(Ci,Di)
      Ci+1  := Ci/Bi    Di+1  := Di/Bi - C'i+1
      i  := i+1
end
m := i
return (m,B1, ..., Bm)
```

Typisch für die betrachtete Problematik der Faktorisierung eines Polynoms ist, daß die Anzahl der Zerlegungsfaktoren von vornherein nicht bekannt ist und erst im Ergebnis der Abarbeitung des Algorithmus vorliegt. Dies hat nun aber Konsequenzen auf die programmierungstechnische Umsetzung der entsprechenden Algorithmen und ist mit den bisher beschriebenen FORMAC-Elementen nur sehr schwer realisierbar, etwa über globale Felder bzw. mit Hilfe von Ketten über die Funktion CHAIN.
Wir führen nun ein weiteres Sprachelement ein, das es gestattet, derartige Probleme der Verarbeitung dynamischer Daten vor allem in Prozeduren einfach zu beschreiben. Hierzu verwenden wir die Pseudovariable QUEUE.
Format: QUEUE (fmc-var) = fmc-expr.
Die Wirkung ist folgende:
Die rechte Seite fmc-expr, die ein FORMAC-Ausdruck oder eine Liste von derartigen Ausdrücken sein kann, wird ausgewertet und an das Ende der Liste fmc-var angekettet. fmc-var wird dabei nicht ausgewertet.
Damit eignet sich die Pseudovariable QUEUE für den Aufbau dynamischer Listen. Zu den Elementen dieser Listen kann, wie bereits erläutert, mit Hilfe der Funktionen ARG und NARGS zugegriffen werden. Die folgende Prozedur QFRFAK realisiert den Algorithmus QFRFAK1.

```
QFRFAK:F_PROC (B,X)
    LOCAL(P;C;TO;TOQ;T1;L);
    OPTSET(EXPND);
    F_FUNCTION PGGT;
    LET(P=HIGHPOW(B,X));
    IF IDENT (P;0) THEN DO;
            LET(QUEUE(L)=B;B=1); END;
            ELSE LET (C=COEFF(B,X**P);
                      B=B/C;
                      QUEUE(L)=C);
    LET(TO=B;TOQ=DERIV(TO,X));
    T1=PGGT(TO,TOQ);
    LET(P=HIGHPOW(T1,X));
    IF IDENT (P;0) THEN LET(C=T1);
                   ELSE LET(C=COEFF(T1,X**P));
    LET(T1=T1/C);
    CALL PDIV ('TO','T1','Q1','REST');
    LET(I=0);
    DO WHILE (¬ IDENT(HIGHPOW(TO,X);0));
      LET(I=I+1;
          TO=T1;QO=Q1;TOQ=DERIV(TO,X);
          T1=PGGT(TO,TOQ,X));
```

```
    CALL PDIV ('TO','T1','Q1','REST','X');
    CALL PDIV ('QO','Q1','G','REST','X');
    LET(QUEUE(L)=G);
END;
F_RETURN(L);
F_END QFRFAK;
```

Wenden wir uns nun der Frage der irreduziblen Faktorisierung zu, d.h. der Ermittlung der Primfaktoren eines Polynoms aus Z[x].
Bevor wir den allgemeinen Fall betrachten, wollen wir die Aufgabenstellung auf die Ermittlung der rationalen Wurzeln eines Polynoms einschränken. Gegeben sei ein Polynom $P(x)=p_n x^n + \dots + p_0 \in Z[x]$.
Falls P(x) rationale Wurzeln hat, d.h., es existieren $y_1, y_2, \dots, y_m$, so daß $P(y_i)=0$ $(i=1(1)m)$, so lassen sich diese durch systematisches Probieren ermitteln. Grundlage dafür ist der

Satz: Wenn eine Zahl $y=y_z/y_n$ Wurzel eines Polynoms $P(x) = p_n x^n + \dots + p_0 \in Z[x]$ ist, so ist y_z Teiler von p_0 und y_n Teiler von p_n.

Die Anzahl der Teiler von p_0 und p_n ist endlich. Man kann für alle möglichen Kombinationen entscheiden, ob eine Wurzel von P vorliegt. Der notwendige Aufwand hängt in erster Linie von der Anzahl der Teiler von p_0 und p_n ab. Mit diesem Probieralgorithmus wird allerdings das Vorhandensein mehrfacher Wurzeln nicht erkannt. Wenn wir aber bilden $D=ggT(P,P')$ und $T=P/D$, so gilt $T=(x-x_1)\dots(x-x_n)\ F(x)$ mit $deg(F(x))\geq 0$. T hat somit die gleichen Wurzeln wie P, aber nur einfach, auf diese Weise läßt sich entscheiden, ob P mehrfache rationale Wurzeln hat. Zu beachten ist, daß bei der Ermittlung der Teiler von p_0 und p_n die positiven und negativen Teiler, die Einheiten +1, -1 und schließlich p_0 und p_n selbst zu berücksichtigen sind.
Vorausgesetzt wird ein Algorithmus zur Ermittlung aller Faktoren einer ganzen Zahl. Dieser wird nachfolgend zunächst angegeben.

<u>Algorithmus FAKTOR</u>

Eingabe: $a \in N$

Ausgabe: $f=(f_1,\dots,f_{anz})$ $(anz \in Z)$; dabei ist $f_i \in Z$, so daß gilt $f_i \mid a$.
Es werden alle Teiler ermittelt, d.h., mit f_i ist auch $-f_i$ Teiler von a. Ferner werden auch die trivialen Teiler 1, -1, a, -a ermittelt. Das nachfolgend verwendete Symbol "$\cup$" soll als Verkettungsoperator im Sinne der Pseudovariablen QUEUE verstanden werden.

<u>Algorithmus:</u>

```
f:=(1)  f:=f ∪ (-1)
h:=2
while (h ≤ a/2 ) do
  if rem (a,h)=0 then do
        f:=f ∪ (h) ∪ (-h)  end
  h:=h+1
end
if a≠1 then do
           f:=f ∪ (a) ∪ (-a)
           end
anz:=k
return(f)
```

FORMAC-Programm:

```
FAKTOR:F_PROC(A)
   LOCAL(H;L);
   DCL IARG BIN FIXED;
   LET(QUEUE(F)=CHAIN(1,-1));
   H=INTEGER(H);
   IARG=INTEGER(A);
   DO WHILE (H =IARG/2);
      IF MOD(IARG,H)=0 THEN
            LET(QUEUE(F)=CHAIN(H,-H));
      H=H+1; FIXEDA(H=H);
   END;
   IF IARG ¬=1 THEN
             LET(QUEUE(F)=CHAIN(A,-A));
   F_RETURN(F);
   F_END FAKTOR;
```

Der Algorithmus RATRT dient zur Ermittlung aller rationalen Wurzeln eines Polynoms durch systematisches Probieren. Mehrfache Wurzeln werden dabei nicht als solche erkannt, es wäre aber kein Problem, den Algorithmus entsprechend zu ergänzen. Der Algorithmus verwendet den Teilalgorithmus FAKTOR zur Ermittlung aller Teiler einer ganzen Zahl.

<u>Algorithmus RATRT</u>

Eingabe: $P(x) = p_n x^n + \dots + p_1 x + p_0 \in Z[x]$

Ausgabe: $L=(y_1, \dots, y_m)$, so daß $P(y_i)=0$

Algorithmus:

$n := \deg(P)$

$c_0 := \mathrm{abs}(p_0) \quad c_n := \mathrm{abs}(p_n)$

$y_0 = (y_0^{(1)}, y_0^{(2)}, \ldots, y_0^{(k_0)}) := \mathrm{FAKTOR}\ (c_0)$

$y_n = (y_n^{(1)}, y_n^{(2)}, \ldots, y_n^{(k_n)}) := \mathrm{FAKTOR}\ (c_n)$

```
m:=1; L:=( )
for i:=1 to k0 do
    for j:= 1 to kn do
        while (m< n) do
                v:= y0^(i)/yn^(j)
                if P(v) = 0 then do L:=L ∪ v  m:=m+1 end
        end
    end
end
m:= m-1
return(L)
```

Nachfolgend nun die zugehörige FORMAC-Prozedur:

```
RATRT:F_PROC(P)
      LOCAL(N;CN;CO;V;PV;YO;YN);
      F_FUNCTION (FAKTOR);
      LET(N=HIGHPOW(P,X);
         CN=COEFF(P,X**N);
         CO=EVAL(P,X,0));
      CO=INTEGER(CO);
      CN=INTEGER(CN);
      CO=ABS(CO);
      CN=ABS(CN);
      FIXEDA(CO=CO; CN=CN);
      LET(YO=FAKTOR(CO);
          YN=FAKTOR(CN));
      N=INTEGER(N);
      KN=INTEGER(NARGS(YN));
      KO=INTEGER(NARGS(YO));
      M=1; FIXEDA(M=M);
      DO I=1 TO KO; FIXEDA(I=I);
        DO J=1 TO KN; FIXEDA(J=J);
          DO WHILE(M<=N);
            LET(V=ARG(I,YO)/ARG(J,YN);
                PV=EVAL(P,X,V));
            IF IDENT(PV;0) THEN DO;
              LET(QUEUE(L)=V;
```

```
                M=M+1);
            M=INTEGER(M);
           END;
         END;
        END;
END;
F_RETURN(L);
F_END RATRT;
```

Nach diesen beiden Spezialfällen soll nun das allgemeine Problem der irreduziblen Faktorisierung betrachtet werden. Wir können uns dabei auf ganzzahlige Polynome beschränken. Der nachfolgend angegebene Algorithmus ist der bekannte Faktorisierungsalgorithmus von Kronecker.
Dieser ist der erste bekannt gewordene direkte Faktorisierungsalgorithmus zur irreduziblen Faktorisierung.
Die theoretische Grundlage des Kronecker-Algorithmus liegt einerseits wiederum in der Endlichkeit der Anzahl der Teiler einer ganzen Zahl und wird andererseits durch den sog. Auswertungshomomorphismus gegeben.
Dies bedeutet, daß die Auswertung, d.h. die Berechnung des Wertes eines Polynoms für ein ganzzahliges Argument, eine homomorphe Abbildung von $Z[x]$ in Z ist. Falls also

$P(x) \in Z[x]$ zerfällt in

$P(x) = P_1(x) \cdot P_2(x)$, so ist

$P(\bar{x}) = P_1(\bar{x}) \cdot P_2(\bar{x})$ für $\bar{x} \in Z$, d.h., falls

$P(x)$ durch $P_1(x)$ teilbar ist, so muß notwendigerweise auch $P(\bar{x})$ durch $P_1(\bar{x})$ teilbar sein.
Aus diesem Grundgedanken ergeben sich nun die folgenden Schritte:
Sei $P(x) \in Z[x]$ mit $m=\deg(P)$ gegeben.
Falls $P(x)$ zerlegbar ist, so ist einer der beiden Faktoren vom Grade $\leq m/2$; wir setzen $g=[(m+1)/2]$.
Wir wählen nun g+1 beliebige ganzzahlige Werte $x_0, x_1, \ldots, x_g$ und ermitteln die Funktionswerte $f_0 = P(x_0), \ldots, f_g = P(x_g)$.
Jedes dieser f_i besitzt nur endlich viele Teiler $f_{i1}, f_{i2}, \ldots, f_{ir_i}$

Es gibt nun genau $r_0 \cdot r_1 \cdots r_g$ Möglichkeiten, aus den Argumentwerten x_i und den Teilern f_i Mengen von Wertepaaren

$$M_i = \{(x_0, f_{0i}), \ldots, (x_g, f_{gi})\}$$

auszuwählen, so daß jede Menge M_i ein eindeutig bestimmtes Polynom $L_i(x)$ g-ten Grades definiert, für das $L_i(x_j) = f_{ji}$ gilt. Die $L_i(x)$ lassen sich beispielsweise als Lagrangesche Interpolationspolynome nach den Algorithmen LAGR1 bzw. LAGR2 ermitteln.

Jedes dieser $L_i(x)$ ist ein potentieller Teiler von P(x).
Durch Probedivision läßt sich feststellen, ob eines dieser Polynome $L_i(x)$ echter Teiler von P(x) ist. Wird auf diese Weise ein Teiler von P(x) gefunden, so kann dieser abgespalten und auf die beiden Faktoren das gesamte Verfahren erneut angewendet werden.
Wird kein Faktor g-ten Grades von P(x) gefunden, so ist g um 1 zu erniedrigen; das Verfahren wird dann für g:= g-1 rekursiv erneut angewendet.
Dabei muß nun nicht wieder die willkürliche Bestimmung der x_i, die Berechnung der Funktionswerte f_i sowie die Ermittlung deren Teiler durchgeführt werden. Es kann vielmehr auf die bereits vorhandenen zurückgegriffen werden, indem der Argumentwert x_i gestrichen wird, für den f_i die größte Anzahl von Teilern hat.
Aus den verbleibenden Werten sind nun wiederum

$$r_0 \cdot r_1 \cdot \ldots \cdot r_{g-1}$$

Polynome (g-1)-ten Grades bestimmbar, die potentielle Teiler von P(x) sind usw.
Es ist offensichtlich, daß dieses Verfahren endlich ist und entweder alle Faktoren von P(x) findet oder seine Irreduzibilität feststellt.
Darüber hinaus sieht man, daß der Aufwand des Verfahrens hauptsächlich bestimmt wird durch die Anzahl der Teiler der Funktionswerte f_i.
Günstig wäre es, die x_i von vornherein so zu wählen, daß f_i möglichst wenig Teiler enthält. Der günstigste Fall wäre dabei, daß f_i eine Primzahl ist. Es sind bisher keine Möglichkeiten bekannt, die x_i a priori so zu bestimmen, daß f_i eine minimale Anzahl von Teilern enthält. Es bleibt als Kompromißvariante nur die Möglichkeit, zunächst mehr als g+1 Argumentwerte zu wählen und von den entstehenden Funktionswerten g+1 Werte mit minimaler Anzahl von Faktoren zu verwenden.
Ungünstig wirkt sich aus, daß bei der Zerlegung der Funktionswerte f_i in ihre Teiler wiederum alle Teiler, also auch die negativen Teiler, die Einheiten 1 und -1 und schließlich f_i und $-f_i$ selbst zu berücksichtigen sind.
Bei der nachfolgenden Darstellung des Algorithmus und dem zugehörigen Programm ist zu beachten, daß aus programmierungstechnischen Gründen eine geänderte Herangehensweise gewählt wurde. Der Algorithmus versucht Teiler gewissermaßen "von unten her" zu bestimmen, indem zunächst die Teiler ersten, zweiten, dritten usw. Grades bestimmt werden.
Es werden auch keinerlei Vorbetrachtungen über Quadratfreiheit und rationale Wurzeln des zu faktorisierenden Polynoms gemacht, obwohl sich damit der Aufwand, insbesondere die Laufzeit, verringern ließe.
Vor der Algorithmusdarstellung sind noch einige Erläuterungen nötig:
Abbruchsteuerung erfolgt durch den Grad von P(x), eine logische Größe "found" und eine Steuergröße "Schranke".

'Found' wird auf 'true' gesetzt, falls ein Teiler ermittelt wurde, P wird durch den gefundenen Teiler g-ten Grades geteilt, der Algorithmus beginnt von vorn. Durch die Größe Schranke wird verhindert, daß wieder Teiler ersten, zweiten, ..., (g-1)-ten Grades gesucht werden, da das reduzierte P höchstens noch Teiler g-ten und höheren Grades haben kann. Gelingt es nicht, Teiler g-ten Grades zu ermitteln, so wird g:=g+1 gesetzt und erneut begonnen. Dies geschieht, solange $g \leq (deg(P)+1)/2$.
Die Argumentwerte x_i werden in der Folge 0,1,-1,2,-2,... ausgewählt. Allgemein wird $x_i = [(i+1)/2] \cdot (-1)^{i+1}$ gewählt, ohne Rücksicht auf die Anzahl der sich ergebenden Teiler von f_i. Wie bereits angedeutet, sind an dieser Stelle durchaus Effektivitätssteigerungen möglich.
Zur systematischen Auswahl der möglichen Kombinationen ordnen wir die Argumentwerte x_i, die zugehörigen Funktionswerte $f_i = P(x_i)$ und deren Teiler nach dem Schema

$$\left(\begin{array}{cc|ccc} x_0 & f_0 & f_0 & \dots & f_{0r_0} \\ x_1 & f_1 & f_1 & \dots & f_{1r_1} \\ x_g & f_g & f_g & \dots & f_{gr_g} \end{array}\right) \qquad (33)$$

an.
Wir können uns die rechte Seite von (33) als eine "entartete" Matrix, bestehend aus g+1 Zeilen vorstellen, bei der die Zeilen wiederum unterschiedliche Länge haben, nämlich aus r_i Elementen bestehen. Hierbei ist r_i die Anzahl der Teiler des Polynomwertes f_i.
(33) ist so aufgebaut, daß prinzipiell jede Zeile mit den Einheiten 1, -1 beginnt, also $f_{i1}=1$, $f_{i2}=-1$, ferner enthält das vorletzte und letzte Element einer Zeile den Funktionswert f_i selbst bzw. $-f_i$
$(f_{ir-1}=f_i,\ f_{ir}=-f_i)$.

Innerhalb der Zeilen sind die Elemente so angeordnet, daß betragsgleiche Elemente unmittelbar nebeneinander stehen:
$f_{i,k}=-f_{i,k+1}$ für k=1,3,5,... .
Dieses Anordnungsschema läßt sich relativ leicht algorithmisch fassen und programmieren. Nun zur Frage der systematischen Auswahl aller möglichen Kombinationen aus (33):
Wir führen Spaltenzähler s_i ein und setzen $s_i:=1$ für i=1(1)g-1, $s_g:=2$ und verwenden zwei fiktive Spaltenzähler $s_{-1}:=-1$ und $r_{-1}:=0$.
Schließlich dient ein Zeilenzähler z zur Kennzeichnung der Zeile, in der das auszuwählende Element variiert, in allen anderen bleiben diese fest. Zunächst ist z=g. Die Auswahl geschieht nun wie folgt:
Es werden Wertepaare (x_i, f_{is}) ausgewählt, beginnend mit der Kombination
$M=\{(x_0,f_{01})\dots (x_{g-1},f_{g-1,1}),\ (x_g,f_{g,2})\}$.
Auf Grund des gewählten Faktorisierungsverfahrens und der speziellen An-

ordnung der f_{ij} gilt $f_{01}=f_{11}=\ldots=f_{g1}=1$. Würde $s_g=1$ gewählt, so ergäbe sich das triviale Interpolationspolynom 1. Dies würde zu unnötigem Aufwand führen und muß deshalb verhindert werden, denn L=1 wird selbstverständlich als Teiler von P erkannt, würde aber in der Folge bewirken, daß der Algorithmus nicht abbricht, weil die Division von P(x) durch den trivialen Teiler L(x)=1 keine Reduktion des Grades bewirkt. Es dürfen nur solche Interpolationspolynome als Teiler von P akzeptiert werden, deren Grad $\geqslant$ 1 ist.

Wir nehmen nun an, es sei durch $M=\{(x_0,f_{0s_0}),\ldots,(x_g,f_{gs_g})\}$ kein Interpolationspolynom gefunden worden, das Teiler von P ist. In der durch z definierten Zeile rückt nun s_z einen Schritt vor, d.h. $s_z:=s_z+1$, alle anderen s_i bleiben ungeändert. Falls dabei s_z r_z wird, also größer als die Anzahl der Teiler von f_z, so wird im Schema (33) zyklisch weitergerückt und zwar durch

```
while (s_z > r_z) do
  s_z:=1
  z:=z-1
  s_z:=s_z+1
end
```

Dies heißt, falls $s_z > r_z$, so setzen wir s_z auf 1 zurück, und z definiert eine neue Zeile, in der jetzt mit $s_z:=s_z+1$ weitergerückt wird. Auch hier kann nun s_z r_z werden, so daß diese Schritte wiederum auszuführen sind usw. Mit den jetzt neu definierten Paaren $(x_0,f_{0s_0}),\ldots,(x_g,f_{gs_g})$ wird jetzt erneut ein Interpolationspolynom g-ten Grades gebildet und geprüft, ob es Teiler von P ist. Gilt dies nicht, so behält die Größe found den Wert 'false', und es wird die nächste Kombination ausgewählt. Wird so ein Teiler von P gefunden, so wird found auf 'true' gesetzt und abgebrochen. Andernfalls wird durch die Anfangszuweisung $s_{-1}:=-1$ und $r_{-1}:=0$ erreicht, daß nach Auswahl aller Kombinationen aus (33) der Zyklus spätestens abbricht. Dies bedeutet somit, daß P keine Teiler g-ten Grades hat; mit g:=g+1 beginnt der Zyklus erneut. Die im Algorithmus ferner verwendete Größe t_z zählt die gefundenen Teiler von P. In jedem Fall werden außer den echten Teilern $T_1(x),T_2(x),\ldots$ auch die trivialen Teiler 1 und P(x) ermittelt.

<u>Algorithmus KRONECKER</u>

Eingabe: $P(x)\in Z[x]$

Ausgabe: $tz \in N$, $T_1(x)$, $T_2(x),\ldots$ $T_{tz}(x)\in Z[x]$,
$T_i(x)$ sind irreduzibel über Z,
jedes $T_i(x)$ ist Teiler von P(x), mehrfache Teiler werden mehrfach ermittelt.

Algorithmus:

```
T_0:=1 {trivialer Teiler}   tz:=0   m:=deg(P)
Schranke:=1
while (m ≥ 1) do
  g_1:= [((m+1)/2)]  g:=Schranke found:='false'
  while ((g ≤ g_1) and not found) do
    for i:=0 to g do
      x_i:= [(i+1)/2]*(-1)^(i+1)
      f_i:=P(x_i)     {Berechnung der Polynomwerte}
    end
    for i:=0 to g do   {Anordnung der Teiler}
      h:=2
      f_i,1:=1  f_i,2:=-1
      k:=2
      while (h ≤ abs(f_i)/2) do
      { Faktorzerlegung der f_i }
        if  quotient(f_i,h)=0 then
          do  k:=k+2
              f_i,k-1:=h  f_i,k:=-h
          end
        h:=h+1
      end  {Ende der Faktorzerlegung der f_i}
      if (abs(f_i)=1) then      {triviale Teiler}
        do  k:=k+2
            f_i,k-1:=f_i
            f_i,k:=-f_i
        end          {Ende triviale Teiler}
      r_i:=k
    end          {Ende der Anordnung der Teiler}
  {Systematisches Aufstellen aller möglichen Interpolationspolynome
   g-ten  Grades, die durch (x_i,f_i,  ) verlaufen, wobei f_i,s ein
   Faktor  von f_i ist }
    z:=g
    for i:=0 to g-1 do
      s_i:=1
    end
    i:=g
    s_i:=2
    s_-1:=-1  r_-1:=0
    while (z ≥ 0 and not found) do     {Suchen von Teilerpolynomen}
      L:=0
```

```
      for i:=0 to g do    {Interpolation}
         φ:=1
         for j:=0 to i-1,i+1 to g do
            φ:= φ·(x-x_j)
         end
         L:=L+f_i,s φ/eval(φ,x,x_i)
      end
      R:=rem(P,L)
      G:=quotient(P,L)
      if R=0 and deg(L)≠0 then  {Teiler gefunden, Verlassen der Schleife}
        do tz:=tz+1
           T_tz:=L_1
           P:=G  m:=deg(P)
           found:='true'
        end     {Ende Teiler gefunden}
        else do
             s_z:=s_z+1
             while (s_z > r_z) do
               s_z:=1
               z:=z-1
               s_z:=s_z+1
             end
        end
    end
    g:=g+1
  end
  if found then Schranke:= g-1
   else m:=1
end    {Algorithmusende}
if m=1 then do
   tz:=tz+1
   T_tz:=P
end
return (tz,T_i(x)(i=1(1)tz)
```

FORMAC-Programm (Hauptprogramm):

```
KRONEK: PROC OPTIONS(MAIN);
   FORMAC_OPTIONS;
   ON ENDFILE(SYSIN) GOTO ENDE;
   OPTSET(EXPND);
   DCL FOUND BIT(1);
   DCL(G,G1,SCHRANKE,TZ,NULLZ,H,Z) DEC FIXED;
   DCL A CHAR(50) VAR;
```

```
ZYK:GET LIST(A) COPY;
    CET(A=A);
    LET(T(0)=1; TZ=0;
    M=HIGHPOW(A,X)); M=INTEGER(M);
    SCHRANKE=1;
    DO WHILE(M =1);
      G1=FLOOR((M+1)*.5);
      G=SCHRANKE; FOUND='0'B;
      DO WHILE(G< =G1&¬FOUND);
        DO I=0 TO G; FIXEDA(I=I);
          II=FLOOR((I+1)*.5)*(-1)**(I+1);
          FIXEDA(II=II);
          LET(X(I)=II;
          F(I)=EVAL(A,X,X(I)));
        END;
        DO I=0 TO G; FIXEDA(I=I);
          H=2; LET(F(I,1)=1; F(I,2)=-1); K=2;
          FIXEDA(H=H;K=K);
          IFI=INTEGER(F(I));
          IF IFI< 0 THEN IFI=-IFI;
          DO WHILE(H < =IFI/2);
            IF MOD(IFI,H)=0
              THEN DO;
              K=K+2; FIXEDA(K=K;H=H);
              LET(F(I,K-1)=H; F(I,K)=-H);
            END;
            H=H+1;
            FIXEDA(H=H);
          END;
          IF IFI¬ =1 THEN
            LET(K=K+2; F(I,K-1)=F(I); F(I,K)=-F(I));
          LET(R(I)=K);
        END;
        Z=G; FIXEDA(Z=Z);
        DO I=0 TO G-1; FIXEDA(I=I);
          LET(S(I)=1); END;
        FIXEDA(I=G);
        LET(S(I)=2);
        LET(S(-1)=-1; R(-1)=0);
        DO WHILE(Z >=0&¬FOUND);
          LET(L=0);
          Z=G; FIXEDA(Z=Z);
          DO I=0 TO G; FIXEDA(I=I);
            LET(PHI=1);
```

```
          DO J=0 TO I-1,I+1 TO G;
            FIXEDA(J=J);
            LET(PHI=PHI*(X-X(J))); END;
          LET(L=L+F(I,S(I))*(PHI/EVAL(PHI,X,X(I)));
        END;
        CALL PDIV ('A','L','G','R');
        IF IDENT(R;0)&¬IDENT(HIGHPOW(L,X);0) THEN
          DO;
            LET(TZ=TZ+1; T(TZ)=L;
            A=G; M=HIGHPOW(A,X));
            M=INTEGER(M);
            FOUND='1'B;
          END;
          ELSE DO;
            LET(S(Z)=S(Z)+1);
            IS=INTEGER(S(Z));
            IR=INTEGER(R(Z));
            DO WHILE(IS > IR);
              LET(S(Z)=1; Z=Z-1; S(Z)=S(Z)+1);
              Z=INTEGER(Z);
              IS=INTEGER(S(Z));
              IR=INTEGER(R(Z));
            END;
          END;
      END;
      G=G+1;
    END;
    IF FOUND THEN SCHRANKE=G-1;
      ELSE M=1;
  END;
  IF M=1 THEN
    DO;
      LET(TZ=TZ+1;
          T(TZ)=A);
    END;
  TZ=INTEGER(TZ);
  DO I=1 TO TZ; FIXEDA(I=I);
  PRINT_OUT(T(I));
  END;
  GOTO ZYK;
ENDE:END KRONEK;
```

Es zeigt sich, daß der Algorithmus in der vorgestellten Form in der Regel relativ langsam arbeitet. Der Grund ist darin zu sehen, daß eine Vielzahl von Interpolationspolynomen aufgestellt und dann oftmals wieder verworfen wird. Dies bedeutet, daß der Aufwand in erster Linie von der Anzahl der Teiler der jeweiligen Polynomwerte abhängt. Er hängt aber auch sehr stark ab von der Anzahl der betrachteten Punkte, also vom Grad der Interpolationspolynome. Wir sehen Möglichkeiten zur Beschleunigung des Algorithmus vor allem bei der Suche nach Teilern ersten Grades. Hier könnte u.U. die Verwendung des Algorithmus RATRT gewisse Vorteile bringen. Darüber hinaus hat es sich gezeigt, daß es in der Regel günstiger sein dürfte, im Schema (33) die Teiler der Funktionswerte anders anzuordnen, und zwar erst alle positiven, anschließend alle negativen Teiler. Bei der Ermittlung von Teilern höheren Grades sind Voruntersuchungen über die Grade potentieller Teiler erfolgversprechend.
Diese könnten in primen Restklassenringen, also endlichen Körpern, durchgeführt werden. Die wahrscheinlich einfachste Methode zur Effektivitätssteigerung dürfte die bereits angedeutete sein, die Anzahl der Argumente und damit auch der berechneten Funktionswerte zu vergrößern und dann nur diejenigen Funktionswerte mit minimaler Anzahl von Teilern in den weiteren Rechnungen zu verwenden. Wie eingangs bereits bemerkt, ist der Algorithmus von Kronecker recht uneffektiv und erfordert einen hohen Zeitaufwand, der bei Polynomen mehrerer Variablen noch mehr anwächst. Wir haben den Algorithmus hier hauptsächlich seiner grundsätzlichen Bedeutung wegen vorgestellt. Seine Uneffektivität hat zur Schaffung neuer Algorithmen geführt; hier sind insbesondere die modularen Algorithmen von Berlekamp zu nennen.

3.2 Rationale Funktionen

Gebrochen rationale Funktionen spielen in vielen praktischen Anwendungen eine bedeutende Rolle und damit auch einige wesentliche Manipulationen mit diesen. Wir betrachten künftig gebrochen rationale Funktionen mit ganzzahligen bzw. rationalen Koeffizienten. Von der Vielzahl der Operationen mit rationalen Funktionen sollen nur die folgenden ausgewählt und mit den dafür in FORMAC verfügbaren Sprachelementen bzw. den erforderlichen Algorithmen angegeben werden.

3.2.1. Zugriff zu Zähler und Nenner

Die Funktionen NUM(ausdruck) und DENOM(ausdruck) liefern Zähler bzw. Nenner des als rationale Funktion aufgefaßten Arguments.
Sie wirken nur auf dem äußersten Niveau.

```
Bsp.  LET(F=(A+B)/(C+D);
      Z=NUM(F);N=DENOM(F));
      ergibt Z := A+B ,
             N := C+D .
```

Dabei ist die Stellung von EXPND zu beachten. Sei etwa

```
      OPTSET(EXPND);
      LET(F=(A+B)/(C+D);
        Z=NUM(F);N=DENOM(F));
```

Dann ergibt sich

```
        Z := A/(C+D) + B/(C+D) ,
        N := 1 .
```

Das Expandieren eines rationalen Ausdrucks mittels der Option EXPND oder der Funktion EXPAND bewirkt Ähnliches wie bei multiplikativen Ausdrücken, es wird also das Distributivgesetz bezüglich des Divisionsoperators angewendet. Obiges Beispiel zeigt, daß es möglich ist, jeden Ausdruck als rationalen Ausdruck aufzufassen. Dies gilt auch, wenn in ihm Funktionsaufrufe enthalten sind. Wir können daher rationale Ausdrücke in gewissem Sinne als die umfassendsten Ausdrücke auffassen. Es wird auch deutlich, daß zunächst keinerlei Einschränkungen bezüglich der Koeffizienten nötig sind, in denen gearbeitet wird. Insbesondere können wir durchaus mit formalen Koeffizienten arbeiten. Wir können daher z.B. den Ausdruck

$$f=(ax^2+2bx + c)/(dx + e)$$

verschieden betrachten. Zunächst ist f offenkundig rational, aber Zähler und Nenner können wir als Polynom in x oder a oder b usw. auffassen, je nach der konkreten Situation.
Obwohl die rationalen Zahlen als Spezialfälle rationaler Funktionen be-

trachtet werden können, vermögen NUM und DENOM nicht, diese in der gewünschten Weise zu zerlegen. Sei etwa

```
LET(Z=2/3;
    ZZ=NUM(Z);ZN=DENOM(Z));
```

Dies ergibt

```
    ZZ:= 2/3 ,
    ZN:= 1 .
```

Der Ausweg führt über PL/1 mit den folgenden Schritten:

1. rationale Zahl in Zeichenketten transformieren,
2. Zugriff zu Zähler bzw. Nenner mittels Zeichenkettenfunktionen, speziell INDEX und SUBSTR,
3. Rücktransformation in FORMAC.

Dazu läßt sich folgendes allgemeines Schema angeben:

```
DCL  ZK  CHAR ...  VAR,
     ZKZ CHAR ...,
     ZKN CHAR ...;
/*RZ SEI EINE RATIONALE FORMAC-ZAHL*/
   LET(RZ= .../...);
   CET(ZK=RZ);
   ISTRICH=INDEX(ZK, '/');
/* ERMITTELT POSITION DES BRUCHSTRICHES IN ZK*/
ZKZ = SUBSTR (ZK,1,ISTRICH-1);
ZKN = SUBSTR (ZK,ISTRICH+1);
/* RÜCKTRANSFORMATION */
RET (Z=ZKZ;N=ZKN);
```

Es ist natürlich sinnvoll, dieses allgemeine Schema in Form einer Prozedur zu realisieren und bei Bedarf aufzurufen.

3.2.2. Arithmetische Operationen mit rationalen Ausdrücken

Diese können unter Verwendung der Operatoren +, -, *, /, **, und aller weiteren FORMAC-Operatoren durchgeführt werden.

Dabei ist zu beachten:

- Die Stellung der Option EXPND.
- Ein Ausdruck der Form zähler/nenner wird nur dann ausdividiert, wenn der Nenner ein Teiler des Zählers ist.
- Additive Ausdrücke werden ohne zusätzliche weitere Anweisungen nicht zusammengefaßt, es wird also kein Hauptnenner gebildet.
- Es existieren die beiden Hauptnennerfunktionen
  CODEM (ausdruck), FRACTN (ausdruck).
  FRACTN wirkt nur auf dem äußersten Niveau, etwa

```
LET(X=A/(B+C/D)+E/F;
    Y=CODEM(X);
    Z=FRACTN(X));   ergibt
    Y:=(FDA+(C+DB)E)/((C+DB)F)
    Z:=(FA+(B+C/D)E)/((B+C/D)F)
```

Man beachte hierbei:
Der Hauptnenner wird durch einfache Multiplikationen der Teilnenner erzeugt, nicht durch Zerlegung in Primfaktoren, damit wird oftmals nicht das vom Nutzer erwartete Resultat erhalten.
Sei etwa

```
LET(Z1=X; Z2=Y; N1=X**2-1;
    N2=X-1;
    R=Z1/N1+Z2/N2;
    RB=CODEM(R));
```

gegeben.
Wir erhalten der Reihe nach:

$$R := x/(x^2-1\ ) + y/(x-1)\ ,$$

$$RB := (x^2-x+x^2y-y)/(x^3-x^2-x-1)$$

und nicht das erwartete Resultat

$$(x+yx+y)/(x^2-1)\ .$$

Der Nutzer müßte anschließend selbst organisieren, daß die entstehenden Ausdrücke gekürzt werden.

3.2.3. Differentiation

Die Differentiationsfunktionen von FORMAC sind ohne Einschränkungen anwendbar. Dabei ist aber folgendes zu beachten:
Ein rationaler Ausdruck der Form Z/N wird intern als $Z\ \ N^{-1}$ dargestellt. Die Differentiationsfunktionen arbeiten auf dieser internen Struktur; dies führt zu

$$(Z/N)' = (Z\cdot N^{-1})' = Z' N^{-1} + (-1)\cdot Z\cdot N^{-2} N'\ .$$

Dies entspricht $Z'/N-Z'/N^2$ und wird dann zu

$$(Z'\cdot N^2-Z\cdot N'\cdot N)/N^3$$

zusammengefaßt.
Es erfolgt kein weiteres Kürzen von N in Zähler und Nenner.

3.2.4. Partialbruchzerlegung

Eine der umfassendsten Operationen mit rationalen Funktionen ist die Partialbruchzerlegung (PBZ). Als Hilfsmittel ist sie zur Integration rationaler Funktionen geradezu unentbehrlich. Wir wollen die PBZ aber zunächst als eigenständige Aufgabe betrachten und erst im nächsten Punkt die Frage der Integration behandeln.
Wir wollen als PBZ im allgemeinsten Sinne zunächst die Zerlegung einer rationalen Funktion $R(x) = A(x)/B(x) \in Q(x)$ mit $\deg(A) < \deg(B)$ in der Weise verstehen,

daß $$A(x)/B(x) = A_1(x)/B_1(x) + A_2(x)/B_2(x) \qquad (34)$$

mit $\deg(A_1) < \deg(B_1)$, $\deg(A_2) < \deg(B_2)$.
Falls die Nennerfunktion $B(x)$ von $R(x)$ reduzibel ist, also in $B(x) = B_1(x) \cdot B_2(x)$ zerfällt, wobei $ggT(B_1, B_2) = 1$, so existiert stets eine PBZ nach (34), diese ist eindeutig. Dies ist eine unmittelbare Folgerung aus dem Satz vom ggT bzw. der daraus abgeleiteten Verallgemeinerung.
Seien $R(x) = A(x)/B(x) \in Q(x)$, $\deg(A) < \deg(B)$
und $B(x) = B_1(x) \cdot B_2(x)$, $ggT(B_1, B_2) = 1$.
Dann ist sofort $\deg(A) < \deg(B_1) + \deg(B_2)$, und es existieren stets eindeutige $A_1(x)$, $A_2(x)$, so daß

$$A(x) = A_1(x) \cdot B_2(x) + A_2(x) \cdot B_1(x) \qquad (35)$$

mit $\deg(A_1) < \deg(B_1)$, $\deg(A_2) < \deg(B_2)$.
Nach Division von (35) durch $B = B_1 \cdot B_2$ ergibt sich

$$A/B = A_1 B_2/(B_1 B_2) + A_2 B_2/(B_1 B_2)$$

und nach Kürzen der beiden Teilbrüche auf der rechten Seite die gesuchte PBZ $\quad A/B = A_1/B_1 + A_2/B_2$;
ihre Eindeutigkeit ist offensichtlich.
Die Bedeutung des Satzes vom ggT als Begründung für die eindeutige Durchführbarkeit der PBZ soll nochmals unterstrichen werden.
Nun zu einigen speziellen Formen der PBZ. In der Zerlegung (35) war für die beiden Faktoren B_1 und B_2 Teilerfremdheit gefordert; diese können aber ihrerseits durchaus weiter zerlegbar sein. Möge etwa $B_2 = B_{21} \cdot B_{22}$ mit $ggT(B_{21}, B_{22}) = 1$ sein.
Wir können nun zunächst, wie oben bereits durchgeführt,

$A/B = A_1/B_1 + A_2/B_2$ zerlegen.

Wir zerlegen weiter:

$$A_2/B_2 = A_{21}/B_{21} + A_{22}/B_{22}$$

mit $\deg(A_{21}) < \deg(B_{21})$, $\deg(A_{22}) < \deg(B_{22})$
und erhalten somit

$$A/B = A_1/B_1 + A_{21}/B_{21} + A_{22}/B_{22} .$$

Dieses Prinzip läßt sich nun induktiv auf weitere Faktoren anwenden, d.h., aus $B = B_1 B_2 \dots B_k$ mit ggT $(B_i, B_j) = 1$ für $i \neq j$ läßt sich eine PBZ

$$A/B = A_1/B_1 + A_2/B_2 + \dots + A_k/B_k$$

mit $(\deg(A_i) < \deg(B_i))$ erzeugen.

Diese Vorgehensweise bleibt auch richtig, falls B mehrfache Faktoren enthält. Es sei mit $B = B_1 B_2^2 \dots B_m^m$ eine quadratfreie Faktorisierung von B gegeben.

Wir können nun den Satz vom ggT auf Terme der Form B_i^i und $B_{i+1}^{i+1} \dots B_m^m$ anwenden und daraus schrittweise die folgenden PBZ erzeugen:

$$A/B = A_1/B_1 + A_1^*/(B_2^2 \dots B_m^m)$$

mit $\deg(A_1^*) < \deg(B_2^2 \dots B_m^m)$, $\deg(A_1) < \deg(B_1)$,

$$A/B = A_1/B_1 + A_2/B_2^2 + A_2/(B_3^3 \dots B_m^m)$$

mit $\deg(A_2) < \deg(B_2^2)$, $\deg(A_2^*) < \deg(B_3^3 \dots B_m^m)$,

$$A/B = A_1/B_1 + A_2/B_2^2 + \dots + A_m/B_m^m \qquad (36)$$

mit $\deg(A_i) < \deg(B_i^i)$.

Wir bezeichnen (36) als unvollständige quadratfreie PBZ von $A(x)/B(x)$. Nach dem oben Gesagten folgt, daß diese stets existiert und eindeutig ist. Nun gelten aber die Voraussetzungen des Satzes vom ggT nicht mehr für jeden der Partialbrüche, diese sind dennoch weiter zerlegbar. Betrachten wir hierzu nur den Partialbruch A_2/B_2^2. Hier gilt $\deg(A_2) < \deg(B_2^2)$,

es kann aber durchaus gelten $\deg(A_2) \geq \deg(B_2)$.

Wir dividieren A_2 durch B_2 und erhalten

$$A_2/B_2 = A_{21} + A_{22}/B_2 \quad \text{mit } \deg(A_{21}) \geq 0 ,$$
$$\deg(A_{22}) < \deg(B_2).$$

Wegen $\deg(A_{21}) = \deg(A_2) - \deg(B_2)$ und

$\deg(A_2) < \deg(B_2^2) = 2 \deg(B_2)$ ist

$\deg(A_{21}) < 2 \deg(B_2) - \deg(B_2) = \deg(B_2)$.

Setzen wir nun $A_2 = A_{21} B_2 + A_{22}$ in (36) ein und kürzen, so ergibt sich

$$A/B = A_1/B_1 + A_{21}/B_2 + A_{22}/B_2^2 + \dots$$

mit $\deg(A_{21}) < \deg(B_2)$, $\deg(A_{22}) < \deg(B_2)$.

Wir können nun verallgemeinernd jeden der Partialbrüche aus (36) weiter zerlegen in Partialbrüche $A_{ij}/B_i^{\,i}$
mit $\deg(A_{ij}) < \deg(B_i)$ und erhalten

$$A/B = A_1/B_1 + A_{21}/B_2 + A_{22}/B_2^{\,2} + \ldots + A_{m1}/B_m + \ldots + A_{mm}/B_m^{\,m} \,. \qquad (37)$$

Wir bezeichnen (37) als vollständige quadratfreie PBZ von $A(x)/B(x)$.
Diese existiert wiederum stets und ist eindeutig.
Betrachten wir noch etwas genauer die Schritte zur Erzeugung der vollständigen quadratfreien PBZ aus der unvollständigen:
Sind die A_i von (36) ermittelt, so sind die Partialbrüche $A_i/B_i^{\,i}$ weiter zu zerlegen.
Mit $n_i = \deg(B_i)$, $k_i = \deg(A_i)$ gilt sofort $k_i < i \cdot n_i$.
A_i dividiert durch $B_i^{\,i-1}$ ergibt

$$A_i/B_i^{\,i-1} = A_{i,1} + R_1/B_i^{\,i-1}$$

mit $\deg(A_{i,1}) = k_i - (i-1)n_i = k_i - i \cdot n_i + n_i$.
Hieraus folgt wegen $k_i < i \cdot n_i$, daß $\deg(A_{i,1}) < n_i$, ferner ist $\deg(R_1) < (i-1)\, n_i$.
R_1 durch $B_i^{\,i-2}$ dividiert, ergibt nun aber

$$R_1/B_i^{\,i-2} = A_{i,2} + R_2/B_i^{\,i-2}$$

mit $\deg(A_{i,2}) < \deg(B_i)$ und $\deg(R_2) < \deg(B_i^{\,i-2})$.
Wir setzen so fort, also,

$$R_2/B_i^{\,i-3} = A_{i,3} + R_3/B_i^{\,i-3} \,, \ldots,$$

$$R_{i-2}/B_i = A_{i,i-1} + R_{i-1}/B_i \,.$$

Es ist somit

$$\begin{aligned} A_i &= B_i^{\,i-1} A_{i,1} + R_1 \,, \\ R_1 &= B_i^{\,i-2} A_{i,2} + R_2 \,, \\ R_2 &= B_i^{\,i-3} A_{i,3} + R_3 \,, \qquad \text{usw., bis} \\ R_{i-2} &= B_i A_{i,i-1} + R_{i-1} \,. \end{aligned}$$

Dies ineinander eingesetzt ergibt

$$A_i = B_i^{\,i-1} A_{i,1} + B_i^{\,i-2} A_{i,2} + \ldots + B_i A_{i,i-1} + R_{i-1}$$

und nach Division durch $B_i^{\,i}$

$$A_i/B_i^{\,i} = A_{i,1}/B_i + A_{i,2}/B_i^{\,2} + \ldots + A_{i,i-1}/B_i^{\,i-1} + R_{i-1}/B_i^{\,i} \,.$$

Wird noch $A_{i,i} = R_{i-1}$ gesetzt, so entsprechen die durch Division gewonnenen $A_{i,j}$ den Zählern von (37). Dies wird für alle i durchgeführt und liefert die vollständige quadratfreie PBZ von $A(x)/B(x)$.

<u>Algorithmus VQPBZ</u>

Eingabe: $R(x) = A(x)/B(x) \in Q(x)$ mit
$\deg(A) < \deg(B)$, $ggT(A,B) = 1$

Ausgabe: $A_{11}, A_{21}, \ldots, A_{mm}$ x , so daß
$R(x) = \sum A_{ij}(x)/B_i^{\,j}(x)$,
$\deg(A_{ij}) < \deg(B_i)$, wobei
$B = B_0 B_1 B_2^2 \ldots B_m^m$

Algorithmus:

```
Schritt 1: {quadratfreie Faktorisierung von B(x)}
           (B_1, ..., B_m):=QFRFAK (B)
Schritt 2: {quadratfreie PBZ}
           i := 1   A* := A   B̄ := B
           while  (i< m) do
                  B* := B̄/B
                  Ermittle D(x), C(x), so daß
                  B*· D + B_i^i · C = A
                  A_i := D
                  A* := C
                  B̄ := B*
                  i := i+1
           end
           A_m := A*
Schritt 3: {vollständige quadratfreie PBZ}
           while  (i< m) do
                  Z := A_i
                  N := B_i
                  for j := 1 to i-1 do
                      N := N/B_i
                      G := quotient (Z,N)
                      R := rem (Z,N)
                      A_ij := G·B_0
                      Z := R
                  end
                  A_1 := Z·B_0
                  i := i+1
            end
            A_11 := A_1 B_0
            return (m, A_i(x), B_i(x) (i = 1(1)m))
```

FORMAC-Programm:

```
VQPBZ: PROC OPTIONS (MAIN);
       FORMAC_OPTIONS;
       F_FUNCTION (QFRFAK);        DCL R CHAR (100) VAR,
           M BIN FIXED;
       GET LIST(R);
       OPTSET(NOEXPND);
       CET(R=R);
       LET(A=EXPAND(NUM(R));
           B=EXPAND(DENOM(R)));
       LET(FAKL=QFRFAK(B));
       I=1;
       LET(M=NARGS(FAKL)); M=INTEGER(M);
       LET(BQS=B; AS=A);
       DO WHILE (I< M);
          FIXEDA(I=I);
          LET(HILF=ARG(I,FAKL)**I;
              BS=BQS/HILF);
          CALL EUKLID1('BS','HILF','C','D','AS');
          LET(A(I)=C;
              AS=D;
              BQS=BS;
              I=I+1);
       END;
       LET(A(M)=AS);
       I=2;
       DO WHILE(I< M);
          FIXEDA(I=I);
          LET(Z=A(I);
              N=ARG(I,FAKL)**I);
          DO J=1 TO I-1;
             FIXEDA(J=J);
             LET(N=N/ARG(I,FAKL));
             CALL PDIV('Z','N','G','R');
             LET(A(I,J)=G;
                 Z=R);
          END;
          LET(A(I,I)=Z);
          I=I+1;
       END;
       LET(A(1,1)=A(1));
       OPTSET(NOEXPND);
       LET(F=0);
```

```
        DO I=1 TO M; FIXEDA(I=I);
           DO J=1 TO I; FIXEDA(J=J);
              LET(F=F+A(I,J)/ARG(I,FAKL)**I);
           END;
        END;
        PRINT_OUT(F);
END VQPBZ;
```

Es läßt sich nun sofort ableiten, daß die getroffenen Überlegungen nicht nur für die quadratfreien Faktoren des Nennerpolynoms B(x) gelten, sondern auch für seine irreduziblen Faktoren.
Mit $A(x)/B(x) \in Q(x)$ und

$$B(x) = B_1(x)^{\alpha_1} \cdot B_2(x)^{\alpha_2} \cdot \ldots \cdot B_m(x)^{\alpha_m}, \text{ wobei } ggT(B_i, B_j) = 1 \text{ für } i \neq j$$

(B_i irreduzibel über Q für alle i), folgt, daß zwei eindeutige Formen der PBZ von A(x)/B(x) existieren, nämlich

$$A(x)/B(x) = A_1/B_1^{\alpha_1} + \ldots + A_m/B_m^{\alpha_m} \tag{38}$$

mit

$$\deg(A_i) < \deg(B_i^{\alpha_i})$$

und

$$A(x)/B(x) = A_{11}/B_1 + \ldots + A_{1,}/B_1 + \ldots + A_{m,1}/B_m + \ldots + A_{m,}/B_m \tag{39}$$

mit

$$\deg(A_{i,j}) < \deg(B_i).$$

In Anlehnung an die bereits eingeführten Begriffe nennen wir (38) bzw. (39) unvollständige bzw. vollständige irreduzible PBZ von A(x)/B(x).

Die zur Erzeugung von (38) bzw. (39) notwendigen Algorithmusschritte sind im wesentlichen die gleichen wie im quadratfreien Fall, wenn man zunächst unberücksichtigt läßt, daß die irreduzible Faktorisierung von B(x) normalerweise schwieriger ist als die quadratfreie. Speziell bei der Integration benötigt man die irreduzible PBZ. Wir werden in 3.2.5. noch sehen, daß man aber auch bei der Integration weitgehend die quadratfreie PBZ verwenden und damit Aufwand einsparen kann. Im folgenden Algorithmus VIRPBZ sind die Schritte fast identisch mit denen von VQPBZ, so daß wir auf nähere Erläuterungen verzichten.

<u>Algorithmus VIRPBZ</u>

Eingabe: R(x) - wie in VQPBZ

Ausgabe: $A_{11}, \ldots, A_{m,n}, \ldots, A_m, \in Q[x]$,

so daß

$R(x) = A_{11}/B_1 + \ldots + A_{1,\alpha_1}/B_1^{\alpha_1} + \ldots + A_{m,\alpha_m}/B_m^{\alpha_m}$

mit $\deg(A_{i,j}) < \deg(B_i)$, wobei

$m \in N$, $B_1, \ldots, B_m \in Q[x]$,

so daß $B(x) = B_1^{\alpha_1} \cdot B_2^{\alpha_2} \ldots B_m^{\alpha_m}$, wobei die B_i irreduzibel über Q sind (Faktoren der irreduziblen Faktorisierung von B)

Algorithmus:

Schritt 1: {irreduzible Faktorisierung von B(x), der zugehörige (fiktive) Algorithmus sei mit IRFAK bezeichnet}

$(B_1 \ldots B_{\alpha_m})$:= IRFAK(B);

Schritt 2: {irreduzible PBZ}

wie Schritt 2 von VQPBZ, es ist lediglich $B_i^{\,i}$ durch $B_i^{\alpha_i}$ zu ersetzen

Schritt 3: vollständige irreduzible PBZ

```
i := 1
while (i< m) do
   Z := A_i
   for J:=1 to i-1 do
       N := N/B_i
       G := quotient (Z,N)
       R := rem (Z,N)
       A_i,j := G
   end
   A_i,αi := Z
end
```

3.2.5. <u>Symbolische Integration rationaler Funktionen</u>

Die symbolische (unbestimmte) Integration rationaler Funktionen ist eine der kompliziertesten Aufgabenstellungen der Formelmanipulation. Einerseits ist die Existenz des Integrals beliebiger rationaler Funktionen erwiesen, andererseits bereitet es meist große Mühe, diese zu ermitteln. Die Ursache liegt darin begründet, daß die Ermittlung des Integrals in der Regel verbunden ist mit der Ermittlung der Wurzeln der Nennerfunktion. Sei $R(x) = A(x)/B(x)$ mit $\deg(A) < \deg(B)$. Dann läßt sich

$\int R(x)\,dx$ stets in geschlossener Form angeben, es gilt

$$\int R(x)dx = C(x)/D(x) + \sum_i k_i \cdot \ln(x-x_i), \tag{40}$$

wobei k_i komplexe Konstanten und x_i die komplexen Wurzeln von B(x) sind.

Zur Vermeidung des Rechnens mit komplexen Größen bleibt man oftmals im Reellen, erhält dann noch arctan-Funktionen im Resultat und Polynome 2. Grades als Argumente der Logarithmusfunktionen. In den meisten Lehrbüchern und dgl. wird zur Ermittlung von (40) nur vorausgesetzt, daß alle reellen und komplexen Wurzeln von B(x) samt ihren Vielfachheiten gegeben sind. Mit den sich daraus ergebenden Linearfaktoren wird sodann eine vollständige irreduzible PBZ durchgeführt, bei der die Zähler der Partialbrüche allesamt Konstanten sind. Diese werden in der Regel durch Koeffizientenvergleich gewonnen. In Abhängigkeit von den 4 Möglichkeiten der Beschaffenheit jeder Wurzel x_i ergeben sich dann 4 Typen von Partialbrüchen, die gesondert integriert werden. Jedes x_i kann sein

- reell oder komplex,
- einfache oder mehrfache Wurzel.

Aus der Kenntnis der Integrale dieser 4 Typen von Partialbrüchen ergibt sich nun, daß der rationale Anteil des gesuchten Integrals in (40) genau dann auftritt, wenn B(x) mehrfache Wurzeln (reell und bzw. oder komplex) hat. Das heißt also, der rationale Anteil des Integrals $\int R(x)dx$ tritt nur auf, wenn B(x) nicht quadratfrei ist.

Dies läßt sich aber bekannterweise leicht und ohne Kenntnis der Wurzeln von B(x) prüfen. Es liegt nun nahe, diese Tatsache auszunutzen und eine neue Strategie anzuwenden, bei der zunächst nicht die Wurzeln von B(x) nebst ihren Vielfachheiten gesucht werden. Wir werden vielmehr zunächst den rationalen Anteil des Integrals abspalten, falls ein solcher existiert, und versuchen, den zweiten Teil des Integrals in (40), den transzendenten Anteil, gesondert zu ermitteln. Dies ist für uns insofern von Bedeutung, als wir somit auch für nichtrationale, aber reelle Wurzeln x_i von B(x) den rationalen und transzendenten Anteil des Integrals ermitteln können. Aus den erwähnten 4 Typen von Partialbrüchen wird deutlich, daß eine k-fache Wurzel von B(x) im rationalen Anteil des Integrals nur noch mit der Vielfachheit k-1 erscheint. Durch Zusammenfassen aller Wurzeln gleicher Vielfachheit in B(x) läßt sich sofort verallgemeinern, daß ein k-facher Faktor von B(x) im Nenner des rationalen Anteils von $\int R(x)dx$ nur noch die Vielfachheit k-1 hat. Wir können dann einen Ansatz in der Form

$$\int A(x)/B(x)\,dx = C(x)/(B_2 B_3^{\,2} \ldots B_s^{\,s-1}) + \int M(x)/(B_1 B_2 \ldots B_s)\,dx \tag{41}$$

vornehmen und nun C(x) und M(x) ermitteln. Die endgültige Bestimmung von $\int M(x)/(B_1 \ldots B_s)\,dx$ wollen wir dabei zunächst hintenanstellen.

Die wesentlichen Verfahren zur Ermittlung des rationalen und transzendenten Anteils des Integrals sind das Reduktionsverfahren von Hermite und das von Ostrogradski.
Wir betrachten zunächst das Verfahren von Hermite:
Ausgehend von der leicht ermittelbaren quadratfreien Faktorisierung $B(x) = B_1(x) = B_1(x)\cdot B_2^2(x)\ldots B_s^s(x)$, nehmen wir in (40) links und rechts eine vollständige quadratfreie PBZ vor, dies vor allem auch unter dem Integralzeichen:

$$\int R(x)dx = \int \sum_{i=1}^{s}\sum_{j=1}^{i} A_{ij}/B_i^{\,j}\, dx =$$
$$\sum_{i=1}^{s}\sum_{j=1}^{i-1} C_{ij}/B_i^{\,j} + \int \sum_{i=1}^{s} C_{i0}/B_i\, dx\,. \qquad (42)$$

Hierbei können wir die $A_{i,j}$ mit $\deg(A_{ij}) < \deg(B_i)$ im Prinzip sofort angeben. Von den C_{ij} der rechten Seite wissen wir zunächst nur, daß sie existieren, eindeutig sind und $\deg(C_{ij}) < \deg(B_i)$ gilt. Zur Bestimmung der C_{ij} differenzieren wir (42) und erhalten

$$R(x) = \sum_i \sum_j A_{ij}/B_i^{\,j} = \Big[\sum_i\sum_j C_{ij}/B_i^{\,j}\Big]' + \sum_i C_{i0}/B_i\,. \quad (43)$$

Wenn wir in (43) die Differentiation des Inhaltes der eckigen Klammer ausführen, erhalten wir (bei Beschränkung auf ein festes i):

$$\sum_j A_{ij}/B_i^{\,j} = \sum_{j=2}^{i} \frac{B_i\cdot C_{i,i-1}-(j-1)B_i\cdot C_{i,i-1}}{B_i^{\,j}} + C_{i0}/B_i\,.$$

Hieraus folgt zunächst

$$A_i = B_i\cdot C_{i,i-1} - (i-1)\cdot B_i'\cdot C_i\,. \qquad (44)$$

Da die B_i quadratfrei sind, gilt $ggT(B_i,B_i')=1$.
Ferner gilt nach Voraussetzung $\deg(A_{ij}) < \deg(B_i)$ und somit erst recht $\deg(A_{ij}) < \deg(B_i) + \deg(B_i')$.
Es existieren dann eindeutige Polynome $S(x)$, $T(x)$, so daß

$$S(x)\cdot B_i(x)+T(x)\cdot B_i'(x) = A_{ii} \quad \text{mit}$$
$$\deg(S) < \deg(B_i') \text{ und}$$
$$\deg(T) < \deg(B_i)\,.$$

Wir setzen nun $C_{i,i-1}:=T(x)/(i-1)$; damit ist wegen (44) auch

$$C_{i,i-1} = (S(x)\,B_i(x) - A_{ii}(x))/((i-1)\,B_i')\,.$$

Setzen wir dies in obige PBZ ein, so entsteht nach einigen Umformungen

$$A_{ii}/B_i^{\,i} + \sum_{j=1}^{i-1} A_{ij}/B_i^{\,j} = A_{ii}/B_i^{\,i} +$$
$$(C_{i,i-1}' - S)/B_i^{\,i-1} + \Big[\sum_{j=1}^{i-2} C_{ij}/B_i^{\,j}\Big]' + C_{i0}/B_i\,.$$

Es heben sich jetzt auf beiden Seiten die Terme $A_{ii}/B_i^{\,i}$ weg, so daß links und rechts jeweils nur B_i im Nenner stehenbleibt. Wir fassen die Terme in $B_i^{\,i-1}$ zusammen mittels

$A_{i,i-1} := A_{i,i-1} + S - C'_{i,i-1}$ und erhalten somit

$$A_{i,i-1}/B_i^{\,i-1} + \sum_{j=1}^{i-2} A_{ij}/B_i = \left[\sum_{j=1}^{i-2} C_{ij}/B_i^{\,j}\right]' + C_{10}/B_i.$$

Wenden wir das angedeutete Prinzip der Reduktion nun auf B_i, B_i' und $A_{i,i-1}$ an, so können wir damit $C_{i,i-2}$ ermitteln und die Terme in

$B_i^{\,i-1}$ eliminieren. Nach diesem Prinzip können wir fortfahren, bis keine Terme $B_i^{\,j}$ mit j 1 vorhanden sind; schließlich ergibt sich $C_{i,0} := A_i$. Der nachfolgende Algorithmus realisiert das angedeutete Prinzip nun für alle i=1(1)s. Dabei wird wegen der einheitlichen Betrachtungsweise am Anfang $A_i := A_i$ gesetzt. Ferner ist klar, daß es in A_{11}/B_1 nichts zu reduzieren gibt, da $\int A_{11}/B_1\,dx$ keinen rationalen Anteil enthält.

Somit ist $C_{10} := A_{11}$ zu setzen.

<u>Algorithmus HERM1</u>

Eingabe: $R(x) = A(x)/B(x) \in Q(x)$ mit
$\deg(A(x)) < \deg(B(x))$

Ausgabe: $C_{10}, C_{11}, \ldots, C_{s,s-1} \in Q[x]$
mit $\deg(C_{ij}) < \deg(B_i)$, so daß

$$\int R(x)dx = \sum_{i,j} C_{ij}/B_i^{\,j} + \int \sum_i C_{i0}/B_i\,dx.$$

Dabei sind die B_i (i=1(1)s) die Faktoren der quadratfreien Faktorisierung von B.

Algorithmus:

```
Schritt 1: { vollständige quadratfreie PBZ von R(x)}
           (A11, ... Ass):= VQPBZ(R)
Schritt 2: { Reduktionsschritt }
           C10:= A11
           i:= 2
           while (i < s) do
              j:= i
              Aij:= Aij
              while (j > 1) do
                 Ermittle unter Verwendung von EUKLID1
                 S(x), T(x) ∈ Q[x], so daß
                 S(x) · Bi(x) + T(x)· Bi'(x) = Aij(x)
                 Ci,j-1:= T(x)/(1-j)
```

```
                 A_{i,j-1} := A_{i,j-1} + S - C'_{i,j-1}
                 j:=j-1
               end
               C_{i0} := A_{11}
               i:= i+1
           end
           return (C_{ij}(x) (i,j=1(1)s))
```

```
HERM1: PROC OPTIONS (MAIN);
      FORMAC_OPTIONS (NOEXPND);
      DCL R CHAR (100)VAR,S BIN FIXED;
      GET LIST (R);
      CET(R=R);
      LET(A=EXPAND(NUM(R));
          B=EXPAND(DENOM(R)));  weiter wie im Hauptteil von VQPBZ
      LET(M=NARGS(FAKL));
      M=INTEGER (M);
      DO I=1 TO M;
        FIXEDA(I=I);
        LET(B(I)=ARG(I,FAKL));
      END;
      S=M;
      LET(C(1,0)=A(1,1));
      I=2;
      DO WHILE(I< =S);
        FIXEDA(I=I); J=I; FIXEDA(J=J);
        LET(AS(I,J)=A(I,J));
        DO WHILE(J>1);
          CALL EUKLID1('B(I)','DERIV(B(I),X)','S','T','A(I,J)');
          LET(C(I,J-1)=EXPAND(T/(1-J));
              AS(I,J-1)=A(I,J-1)+S-DERIV(C(I,J-1),X);
              J=J-1);
          J=INTEGER(J);
        END;
        LET(C(I,0)=AS(I,1);
            I=I+1);
        I=INTEGER(I);
      END;
END HERM1;
```

Das für den Fall der quadratfreien Zerlegung erläuterte Reduktionsverfahren von Hermite läßt sich nun sofort auch für den Fall anwenden, daß eine irreduzible Faktorisierung von B(x) gegeben bzw. ermittelbar ist.

Die grundsätzlichen Betrachtungen über die Form des Integrals ändern sich nicht. Wir bilden nun aber eine vollständige irreduzible PBZ des Integranden und des Integrals.

Sei $B = B_1^{\alpha_1} \cdot B_2^{\alpha_2} \ldots B_m^{\alpha_m}$ die irreduzible Faktorisierung von B(x).
Wir erhalten dann

$$\begin{aligned} A(x)/B(x) &= A_{11}/B_1 + \ldots + A_{1,\alpha_1}/B_1^{\alpha_1} + \ldots \\ &+ A_{m,1}/B_m + \ldots + A_{m,\alpha_m}/B_m^{\alpha_m} \\ &= [C_{11}/B_1 + \ldots + C_m/B_m^{\alpha_m-1}]' + \\ &C_{10}/B_1 + \ldots + C_{m0}/B_m . \end{aligned}$$

Hieraus bestimmen wir die C_{ij} nach dem gleichen Algorithmus wie im quadratfreien Fall.
Nachfolgend der zugehörige Algorithmus HERM2.

<u>Algorithmus HERM2:</u>
Eingabe: wie bei HERM1
Ausgabe: $C_{1,0} \ldots, C_{1,\alpha_1}, \ldots, C_{m0} \ldots, C_{m,\alpha_m} \in Q[x]$

mit $\deg(C_{ij}) < \deg(B_i)$, so daß

$$\int A(x)/B(x)dx = \sum_i C_{i,\alpha_i-1}/B_i^{\alpha_i-1} + \int \sum_i C_{i,0}/B_i \quad dx$$

Algorithmus:
Schritt 1: vollständige irreduzible PBZ von R(x)
$(A_{11},\ldots,A_1,\ldots,A_{m,1},\ldots,A_{m,\alpha_m},B_1,\ldots,B_m) := \mathrm{VIRPBZ}(R)$

Schritt 2: Reduktion

```
i:=1
while (i ≤ m)do
   j:= αi
   Aij:=Aij
   while (j ≥ 1)do
      Ermittle S(x), T(x) ∈ Q[x], so daß
      S(x)·Bi(x)+T(x)·Bi'(x)=Aij(x)
      Ci,j-1:= T(x)/(1-j)
      Ai,j-1:= Ai,j-1+S-C'i,j-1
      j:=j-1
   end
   Ci0:= Ai1
   i:=i+1
end
```

Auf die Angabe des Programmes soll verzichtet werden.
Wir haben mit den angegebenen Algorithmen und Programmen HERM1 und

HERM2 wichtige Teilschritte bei der Integration rationaler Funktionen betrachtet, aber damit das Problem nicht vollständig gelöst.
Wir haben zwar den rationalen Anteil des gesuchten Integrals R(x)dx abgespalten, uns bleibt aber noch die vollständige Ermittlung des transzendenten Anteils dieses Integrals, also die Integration von Partialbrüchen der Form $C_{i0}(x)/B_i(x)$ mit $\deg(C_{i0}) < \deg(B_i)$, wobei die B_i entweder quadratfrei oder über Q irreduzibel sind. Falls gilt $C_{i0}(x)=c_{i0}\cdot B_i$, so haben wir

$$\int C_{i0}/B_i dx=c_{i0}\cdot \ln B_i \quad \text{mit } c_{i0}'=0.$$

In allen anderen Fällen ist es notwendig, die Wurzeln x_i von $B_i(x)$ zu ermitteln. Falls $\deg(B)>3$ und B_i irreduzibel über Q ist, so sind hierzu dann numerische Verfahren notwendig. Dies wirft eine Reihe von Problemen auf.
Sei B_i irreduzibel und $\deg(B_i)>3$, ferner seien $x_1,\ldots,x_{si}$ die (reellen bzw. komplexen) Wurzeln von B_i. Dann existiert eine PBZ

$$C_{i0}/B_i = k_1/(x-x_1) +\ldots+ k_{si}/(x-x_{si}) ,$$

wobei die k_i komplexe Konstanten sind. Von den verschiedenen Möglichkeiten zu ihrer Bestimmung wollen wir nun die folgende andeuten:
Es gilt $k_i= C_{i0}(x_i)/B_i'(x_i)$, dies auch für komplexe x_i.

Es ist sofort klar, daß sich für konjungiert komplexe x_i auch die zugehörigen k_i als konjungiert komplexe Zahlen ergeben.
Schließlich ist dann

$$\int C_{i0}/B_i dx=k_1\cdot \ln(x-x_1)+ \ldots + k_{is}\cdot \ln(x-x_{is}) .$$

Hieraus wird deutlich, daß die bei der rein numerischen Ermittlung der x_i unvermeidlich auftretenden Rundungs- und Abbruchfehler einen Einfluß auf die Ermittlung der k_i und damit auf das Endergebnis haben.
Wie groß dieser Einfluß ist, hängt von der jeweiligen konkreten Aufgabenstellung, aber auch von weiteren Einflüssen ab. Damit können wir die symbolische Integration wohl als ein Grenzgebiet zwischen analytischen und numerischen Verfahren bezeichnen. Aus diesem Grunde soll die Problematik der Ermittlung der Integrale der Partialbrüche C_{i0}/B_i hier nicht weiter verfolgt werden.
Abschließend wollen wir darauf verweisen, daß es möglich ist, den rationalen Anteil und den verbleibenden Rest des Integrals einer rationalen Funktion völlig ohne PBZ zu ermitteln.

Dazu kehren wir nochmals zu dem Ansatz (41) zurück:

$$\int \frac{A(x)}{B(x)}dx = \frac{C(x)}{D(x)} + \int \frac{M(x)}{N(x)}dx \quad \text{mit} \tag{41}$$

$$\deg(C) < \deg(D),\ \deg(M) < \deg(N)\ .$$

Ferner ist klar, daß D und N aus den Faktoren von B bestehen, allerdings mit verminderter Vielfachheit. Genauer können wir schreiben

$$D(x)=ggT(B(x),B'(x)),$$

$$N(x)=B(x)/D(x)\ .$$

Wenn wir (41) differenzieren, so erhalten wir

$$\frac{A}{B} = \left[\frac{C}{D}\right]' + \frac{M}{N} \quad \text{bzw.}$$

$$\frac{A}{B} = \frac{C'D-CD'}{D^2} + \frac{M}{N}\ ,$$

die rechte Seite hat nun aber den Hauptnenner $B=D\cdot N$, denn

$$\frac{A}{B} = \frac{C'-C\cdot D'/D}{D} + \frac{M}{N}$$

$$\frac{C'N-C\cdot D'/D\cdot N+M\cdot D}{D\cdot N}\ .$$

Der Ausdruck $D'/D\cdot N$ ist aber in Wirklichkeit ein Polynom, denn mit

$$B = B_1\cdot B_2^{\,2} \ldots B_s^{\,s} \text{ ist}$$

$$D = B_2\cdot B_3^{\,2} \ldots B_s^{\,s-1} \quad \text{und} \quad N = B_1\cdot B_2 \ldots B_s\ .$$

Folglich ist

$$D' = B_2'B_3^{\,2}\ldots B_s^{\,s-1}+\ldots+B_2\,B_3^{\,2}\ldots(s-1)B_s^{\,s-2}B_s'$$

$$= B_3\cdot B_4^{\,2}\ldots B_s^{\,s-2}\ B_2'B_3\ldots B_2B_3\ldots(s-1)B_s'$$

und letztendlich

$$D'/D\cdot N = B_2'\cdot B_3 \ldots B_s+\ldots+B_2\cdot B_3 \ldots (s-1)B_s'\ .$$

Setzen wir $T = D'/D\cdot N$, so haben wir

$$A/B = (C'N-C\cdot T+M\cdot D)/B \quad \text{bzw.}$$

$$A = C'\cdot N-C\cdot T+M\cdot D\ . \tag{46}$$

Wir können nun nach der Ermittlung von D,M,T die gesuchten Polynome C und M unbestimmt ansetzen und aus (46) durch Koeffizientenvergleich ermitteln.

Dies führt auf die Lösung eines Gleichungssystems mit reeller Koeffizientenmatrix und reeller rechter Seite. Da (46) stets eindeutig lösbar ist, gilt dies auch für das entsprechende Gleichungssystem.

Über die Struktur der Koeffizientenmatrix wollen wir hier nichts weiter aussagen. Die rechte Seite des Systems wird aus den Koeffizienten von A(x) gebildet.

Auf die Angabe eines vollständigen Algorithmus und eines Programmes soll verzichtet werden.

Natürlich bleibt auch bei der angedeuteten Vorgehensweise schließlich die Ermittlung von $\int M(x)/N(x)\,dx$ übrig. Dies erfordert normalerweise dann noch eine PBZ, die sich aber auf Grund der Einfachheit der Wurzeln von N(x) nicht sehr aufwendig gestaltet.

4. Problemorientierte Aufgabenstellungen

Nachdem in den vorangegangenen Kapiteln grundlegende Aufgabenstellungen symbolischer Verfahren für Polynome und rationale Funktionen behandelt wurden, sollen auf der Basis des damit verfügbaren "Werkzeuges" weitere Probleme erörtert werden. Dabei soll nun nicht mehr die Orientierung an Hand von Ausdrucksklassen im Vordergrund stehen, sondern die allgemeine Problemstellung, die notwendigen algorithmischen Strukturen und die sprachlichen Mittel von FORMAC.

4.1. Ermittlung von f- und g-Reihen

In diesem Abschnitt wollen wir ein in der Literatur zur Demonstration der Anwendungsmöglichkeiten und Vorzüge von Formelmanipulationssystemen verwendetes Beispiel ausführlicher behandeln und damit gleichzeitig weitere Sprachelemente von FORMAC besprechen. Es handelt sich hierbei um spezielle Polynome, sog. f- und g-Reihen. Diese spielen in der Astrophysik eine große Rolle bei der Berechnung elliptischer Bewegungskurven sich gegenseitig beeinflussender Himmelskörper.

Gesucht sind f_i, g_i, $i = 1, 2, \ldots$,
die durch

$$f_i = f_{i-1}' - \mu \cdot g_{i-1}, \quad g_i = f_{i-1} + g_{i-1}', \quad f_0 = 1, \quad g_0 = 0 \tag{47}$$

definiert sind.
Dabei sind die f_i und g_i über drei Parameter μ, σ, ε miteinander verknüpft, wobei

$$\mu' = -3\mu\sigma, \quad \sigma' = \varepsilon - 2\sigma^2, \quad \varepsilon' = -\sigma(\mu + 2\varepsilon)$$

gilt.
Der Differentiationsoperator $'$ repräsentiert dabei die Differentiation nach der Variablen x. Die Lösung des Problems (47) ist mathematisch nicht schwierig, sie läßt sich, allerdings mit beträchlichem Aufwand, von Hand durchführen. Als ersten Lösungsvorschlag wollen wir daher auch eine dem Vorgehen des Menschen analoge Variante vorschlagen. Wir verge-

genwärtigen uns zunächst, daß für die Ableitungen f'_{i-1} und g'_{i-1} gilt:

$$f'_{i-1} = \frac{df_{i-1}}{dx} = \frac{\partial f_{i-1}}{\partial \mu}\cdot\mu' + \frac{\partial f_{i-1}}{\partial \sigma}\cdot\sigma' + \frac{\partial f_{i-1}}{\partial \varepsilon}\cdot\varepsilon',$$

$$g'_{i-1} = \frac{\partial g_{i-1}}{\partial \mu}\cdot\mu' + \frac{\partial g_{i-1}}{\partial \sigma}\cdot\sigma' + \frac{\partial g_{i-1}}{\partial \varepsilon}\cdot\varepsilon' . \qquad (48)$$

Wir fassen f_i und g_i als Polynome in μ, σ, ε auf, da x in der Darstellung von f_i und g_i nicht explizit erscheint.
Die in (47) zu verwendenden Ableitungen $\mu', \sigma', \varepsilon'$ sind uns mit (48) gegeben. Die partiellen Ableitungen $\frac{\partial f_{i-1}}{\partial \mu}$, ... können wir unter Verwendung der bereits bekannten Differentiationsfunktion DERIV ausdrücken. Dabei ist zu beachten, daß die Beziehungen (48) vom Nutzer zu programmieren sind. Die gesuchten Größen f_i, g_i werden wir durch indizierte Variable darstellen. Wir geben sofort das entsprechende FORMAC-Programm an.

```
 FUNDG1: PROC OPTIONS(MAIN);
      FORMAC_OPTIONS;
      DCL ORD BIN FIXED;
      GET LIST(ORD);
/* ORD GIBT AN, BIS ZU WELCHER ORDNUNG DIE F- UND G-REIHEN ZU BE-
   STIMMEN SIND*/
      LET(MY= -3*MY*SIGMA;
          SIGP=EPS -2*SIGMA**2;
          EPSP= -SIGMA*(MY+2*EPS));
/* DEFINITION DER ABLEITUNGEN VON MY, SIGMA, EPS, BZGL. X */
      LET(F(0)=1; G(0)=0);
      DO I=1 TO ORD; FIXEDA(I=I);
/* REKURSIVE DEFINITION DER F(I) UND G(I) */
        LET(F(I)= -MY*G(I-1)
            + DERIV(F(I-1), MY)*MYP
            + DERIV(F(I-1), EPS)*EPSP
            + DERIV(F(I-1), SIGMA)*SIGP);
        G(I)=F(I-1)
            + DERIV(G(I-1),MY)*MYP
            + DERIV(G(I-1),EPS)*EPSP
            + DERIV(G(I-1),SIGMA)*SIGP;
        PRINT_OUT(F(I);G(I));
      END;
END FUNDG1;
```

Bevor wir die zweite Version der Ermittlung von f- und g-Reihen erläutern, wollen wir ein neues Sprachelement von FORMAC einführen, das für dieses Problem eine besonders elegante Formulierung gestattet: die Funktionsvariablen.

Der Nutzer hat in FORMAC die Möglichkeit, Variable als von anderen Variablen bzw. sogar von Ausdrücken abhängig zu deklarieren, ohne explizit festzulegen, wie diese Abhängigkeit konkret aussieht. Wir bezeichnen derartige Konstruktionen als Funktionsvariable bzw. nichtspezifizierte Funktionen.

So wird beispielsweise durch

LET(Z=F.(X,Y)) die Variable F als Funktion von X und Y aufgefaßt.

Wie diese Abhängigkeit konkret aussieht, ist dabei uninteressant; allerdings können bei Bedarf derartige Funktionsvariablen auch spezifiziert werden.

Als Argumente von Funktionsvariablen können beliebige Ausdrücke verwendet werden, wie etwa

```
LET(Y=F.(A+B,A-B) + SIN(G.(X+3)).
```

Für die Bezeichnung von Funktionsvariablen gelten die gleichen Regeln wie für die Bezeichnung von FORMAC-Variablen. Man beachte in der obigen LET-Anweisung den Punkt, der auf die Namen F und G folgt. Funktionsvariable dürfen indiziert sein, daher kann der Nutzer Felder von Funktionen benutzen: Y(I,J).(A,B,C). Dabei geht die Indexliste dem Punkt und der Argumentliste voraus.

Die EVAL-Routine gestattet die Zurückführung von nichtspezifizierten auf spezifizierte Funktionen bzw. Ausdrücke. Die analytische Differentiation kann auch auf nichtspezifizierte Funktionen angewandt werden.

Funktionsvariable können anderen Funktionsvariablen als Werte zugewiesen werden.

Beispiel: LET(F=G; X=F.(A,B));

bewirkt X:=G.(A,B) .

Die Spezifizierung von Funktionsvariablen mittels EVAL werden wir später betrachten; für uns ist zunächst eine andere Frage interessant, nämlich die partielle Differentiation von Funktionsvariablen nach ihren Argumenten mittels DRV. Diese hat das Format:

$$DRV(f.(arg_1,\dots,arg_n),\$(1),n_1,\$(2),n_2,\dots,\$(r),n_r).$$

Wirkung: Es wird der Ausdruck

$$f^{(1^{n_1}2^{n_2}\cdots r^{n_r})}.(arg_1,\dots, arg_r) \quad \text{gebildet.}$$

Die n_i müssen zu nichtnegativen ganzen Zahlen ausgewertet werden. Gewisse Paare $\$(i),n_i$ dürfen weggelassen werden. Wurde $\$(i)$, aber n_i nicht aufgeführt, so wird n_i standardmäßig als 1 angenommen.

Bemerkung:

DERIV und DRV behandeln nichtspezifizierte Funktionen unterschiedlich. DERIV differenziert nach atomaren Variablen, die in den Argumenten der

Funktionsvariablen auftreten, aber DRV differenziert nach den Argumenten selbst.

Beispiel:

LET(A=DRV(F.(X+Y,Y,Y*Y), $(1),2,$(3));

ergibt $A:=F^{(1^2\,3)}$ (X+Y,Y,XY).

Man beachte, daß der Ausdruck $F^{(1^2\,3)}$ (X+Y,X,XY) als Synonym für $\frac{\partial^3 F}{\partial (x+y)^2\, \partial (xy)}$ stehenbleibt.

Bemerkt werden soll noch, daß diese formalen partiellen Ableitungen in Abhängigkeit von der Option EDIT bzw. NOEDIT unterschiedlich ausgegeben werden.

Falls EDIT aktiv ist, erscheint das Resultat

$F^{(1^2 3)}$ (X+Y,X,XY), ist NOEDIT aktiv, bleibt DRV als Operator stehen. Das Ergebnis erscheint dann als

DRV(F.(X+Y,X,XY)($(1),2,$(3))).

Wir verfügen nun über ausreichend Mittel, um die Bestimmung von f- und g-Reihen über Funktionsvariable durchführen zu können:

Die f_i und g_i werden als von μ, σ, ε abhängige Funktionsvariable dargestellt. μ, σ, ε sind von x abhängige Funktionsvariable.

Es erzeugt dann beispielsweise die Differentiationsanweisung

LET(Z=DERIV(F(I-1),X)); zunächst das Ergebnis

$$Z := \frac{\partial\, F(I-1)}{\partial\, MY} \quad DRV(MY.(X),\$(1)) + \frac{\partial\, F(I-1)}{\partial\, SIGMA} \quad DRV(SIGMA.(X),\$(1)) + \frac{\partial\, F(I-1)}{\partial\, EPS} \quad DRV(EPS.(X),\$(1))$$

$\frac{\partial F(I-1)}{\partial\, MY}$, $\frac{\partial F(I-1)}{\partial\, SIGMA}$, $\frac{\partial F(I-1)}{\partial\, EPS}$

werden schließlich ausgewertet und liefern, da F(I-1) ein Ausdruck in MY, SIGMA, EPS ist, als Resultat ebenfalls einen Ausdruck in diesen drei Größen, so daß Z schließlich die Form

Z = ausdruck. DRV(MY.(X),$(1))+ ...

annimmt. Die hierin vorkommenden partiellen Ableitungen DRV(MY.(X),$(1)), ... können nun mittels REPLACE durch die in (47) gegebenen konkreten Ausdrücke ersetzt werden.

Wir erhalten unter Anwendung dieses Prinzips dann das folgende FORMAC-Programm:

FORMAC-Programm FUNDG2

```
FUNDG2: PROC OPTIONS(MAIN);
     FORMAC_OPTIONS;
     OPTSET(EXPND);
     LET(F(0)=1; G(0)=0);
/*DEFINITION DER ABLEITUNGEN VON MY,SIG,EPS*/
     DCL ORD BIN FIXED;
     GET LIST (ORD);
     LET(MP=-3*MY.(X)*SIG.(X);
     SP=EPS.(X)-2*SIG.(T)**2;
     EP=SIG.(X)*(MY.(X)+2*EPS.(X)));
     DO I=1 TO ORD;
       FIXEDA(I=I);
       LET(FI=DERIV(F(I-1),X)-MY.(X)*G(I-1);
       GI=DERIV(G(I-1),X)+F(I-1);
       F(I)=REPLACE(FI,DRV(MY.(X),$(1)),MP,
                DRV(SIG.(X),$(1)),SP,DRV(EPS.(X),$(1)),EP);
       G(I)=REPLACE(GI,DRV(MY.(X),$(1)),MP,
                DRV(SIG.(X),$(1)),SP,DRV(EPS.(X),$(1)),EP));
     END;
END FUNDG2;
```

Abschließend noch einige weiterführende Erläuterungen zu den Funktionsvariablen, insbesondere zu ihrer Spezifizierung und zur Verwendung von Differentiationsoperatoren.

Die Spezifizierung von Funktionsvariablen geschieht mittels
EVAL(e,a_1,b_1,a_2,b_2,...,a_n,b_n).
Wenn a_i die Form f.($(1),$(2),...,$(m)) hat, wobei f eine Funktion (z.B. SIN oder G.) von m Variablen ist, und wenn b_i ein Ausdruck ist, der gewisse $(i) enthält, also

b_i =b_i($(1),...$(m)),

dann wird jedes in e auftretende f.(arg_1,arg_2,...,arg_m) durch b_i(arg_1,arg_2,...,arg_m) ersetzt.

Daß damit einerseits die Spezifizierung von Funktionsvariablen, andererseits aber noch weitergehende Effekte erreicht werden können, sollen die folgenden Beispiele verdeutlichen:

1) LET(X=F.(A-B,A+B)+G.(C**2)**2;
   Y=EVAL(X,F.($),$(1)**2+$(2)**2,G.($),COS($(1))));
   erzeugt Y:= $(A-B)^2+(A+B)^2+COS^2(C^2)$.
   Hinweis: Es ist zulässig, die vollständige Parameterliste mit $ abzukürzen.
   (F.($(1),$(2)) ist also gleichbedeutend mit F.($)).
2) LET(X=SIN(A)*SIN(B+C); Y=EVAL(X,SIN($),$(1)-$(1)**3/6));

ergibt $Y:=(A-1/6A^3)(B+C-1/6(B+C)^3)$, d.h., überall in X wird SIN ersetzt durch eine Taylorreihe vom 3. Grad.

3) LET(Y=SIN(1+SIN(X)); Z=EVAL(Y,SIN($),$(1))); ergibt Z:= X+1.

Die Ersetzung findet auf allen Stufen eines FORMAC-Ausdruckes statt. EVAL ruft sogar die Funktion DERIV auf, wie das folgende Beispiel zeigt.

4) LET(Q=DERIV(F.(A,B,C),A,2,C,1);
   R=DERIV(G.(A),A,3)); ergibt
   $Q:= F^{(1,3)}.(A,B,C)$ bzw.
   DRV(F.(A,B,C),$(1),2,$(3),1) und
   $R:= G^{(3)}.(A)$ bzw.
   DRV(G.(A),$(1),3) .

Setzen wir nun fort mit

```
LET(S=EVAL(Q,F.($),$(1)**5*$(2)*$(3));
   T=EVAL(R,G.($),SIN(2*$(1))));
```

so nehmen S und T folgende Werte an:

$S:= 20\cdot A^3.B$,

$T:= -8\cdot COS\cdot(2A)$.

4.2. Symbolische Generierung einiger wichtiger Polynome

Die in diesem Abschnitt betrachtete Aufgabe ist weder mathematisch noch programmierungstechnisch besonders anspruchsvoll. Es geht hierbei um die symbolische Generierung einiger wohlbekannter und wichtiger Polynome nach unterschiedlichen Vorschriften. Ermittelt werden sollen

- Tschebyscheff-Polynome,
- Legendresche Polynome,
- Laguerresche Polynome

sowohl unter Ausnutzung direkter Formeln als auch von Rekursionsbeziehungen. Erstere benutzen die Fähigkeit der symbolischen Differentiation, letztere verwenden indizierte Variable. Die Formeln selbst sind wohlbekannt und bedürfen keiner weiteren Erläuterung. In 4.6. werden wir uns im Zusammenhang mit der Problematik der Approximation nochmals mit Tschebyscheff-Polynomen befassen.

<u>Algorithmus TSCHEBY1</u>

Eingabe: $n \in N$

Ausgabe: $T_i(x)$ - Tschebyscheff-Polynom der Ordnung n nach der Formel

$T_n(x):=(-1)^n/(1\cdot 3\cdot 5 \ldots \cdot(2n-1))\sqrt{1-x^2}\cdot d^n(1-x^2)^{n-1/2}/dx^n$

```
Algorithmus: i:=1  M:=1
             while (i≤ 2n-1) do
                   M:=M*i
                   i:=i+2
             end
             Tn:=(-1)^n/M*sqrt(1-x^2) d^n(1-x^2)^(n-1/2)/dx^n
             return (Tn)
```

FORMAC-Programm:

```
TSCHEBY1: PROC OPTIONS(MAIN);
       FORMAC_OPTIONS;
       DCL N BIN FIXED;
          GET LIST(N);
       I=1; M=1;
       DO WHILE(I<=2*N-1);
         M=M*I;
         I=I+2;
       END;
       FIXEDA(M=M;N=N);
       LET(T=(-1)**N/M*SQRT(1-X**2)*
               DERIV((1-X**2)**(N-1/2),X,N);
            T=EXPAND(T));
       PRINT_OUT(T);
END TSCHEBY1;
```

Im folgenden verwenden wir die bekannten Rekursionsformeln

$T_0(x)= 1,\ T_1(x)= x,$

$T_i(x)= 2x\ T_{i-1}(x)-T_{i-2}(x)$

zur Ermittlung der Tschebyscheffschen Polynome.

<u>Algorithmus TSCHEBY2</u>

Eingabe: $n \in N$

Ausgabe: $T_0(x), T_1(x), \ldots, T_n(x)$ nach der Rekursionsformel

$T_i(x):=2x\cdot T_{i-1}(x) - T_{i-2}(x)$ mit

```
T0:=1  T1:=x
for i:=2 to n do
      Ti:=2x·T(i-1)-T(i-2)
end
return (Tn)
```

FORMAC-Programm

```
TSCHEBY2: PROC OPTIONS(MAIN);
       FORMAC_OPTIONS;
       DCL N BIN FIXED;
       GET LIST(N);
       FIXEDA(N=N);
       LET(T(0)=1;T(1)=X);
       DO I=2 TO N; FIXEDA(I=I);
          LET(T(I)=2*X*T(I-1)-T(I-2));
       END;
       DO I=0 TO N; FIXEDA(I=I);
          PRINT_OUT(T(I));
       END;
END TSCHEBY2;
```

Bei der Ermittlung Legendrescher Polynome nach der Formel

$L_n(x):=1/(2^n\ n!)\cdot(d^n(x^2-1)^n)/dx^n$

können wir sofort das FORMAC-Programm angeben:

```
LEG1: F_PROCEDURE(N);
      LET(L=1/(2**N*FAC(N))*
         DERIV((X**2-1)**N,X,N);
         L=EXPAND(L));
      F_RETURN(L);
F_END LEG1;
```

Der folgende Algorithmus LEG2 und das gleichnamige Programm nutzen wiederum Rekursionsbeziehungen aus:

<u>Algorithmus LEG2</u>

Eingabe: $n \in N$

Ausgabe: $L_0(x), L_1(x), \ldots, L_n(x)$
nach der Rekursionsformel
$L_i(x)= ((1-i)\cdot L_{i-2}(x)+(2i-1)\cdot L_{i-1}(x))/i$
mit $L_0(x)=1, L_1(x)=x$

Algorithmus:

$L_0:=1$ $L_1:=x$
for i:=2 **to** n **do**
   $L_i:=1/i\cdot((1-i)\ L_{i-2}+(2i-1)\cdot L_{i-1})$
end
return (L_n)

FORMAC-Programm

```
LEG2: PROC OPTIONS(MAIN);
      FORMAC_OPTIONS;
      DCL N BIN FIXED;
      GET LIST(N);
      PRINT_OUT(L(0)=1;L(1)=X);
      DO I=2 TO N; FIXEDA(I=I);
       LET(L(I)=1/I*((I-1)*L(I-2)
             +(2*I-1)*L(I-1));
           L(I)=EXPAND(L(I)));
       PRINT_OUT(L(I));
      END;
END LEG2;
```

Abschließend nun die Ermittlung Laguerrescher Polynome nach der Formel:

$$P_n(x) := d^n(e^{-x} \cdot x^n)/dx^n$$

FORMAC-Programm

```
LAGU1: F_PROCEDURE(N);
    LET(P= #E**X*DERIV(#E**(-X)*X**N,X,N),
    P=EXPAND(P));
F_RETURN(P);
F_END LAGU1;
```

Algorithmus LAGU2

Eingabe: $n \in \mathbb{N}$

Ausgabe: $P_n(x)$ - n-tes laguerresches Polynom nach der Formel

$$P_n(x) := \sum_{i=0}^{n} (-1)^i \cdot n!/i! \cdot \binom{n}{i} \cdot x^i$$

Algorithmus: P_n=0 nf:=n!

for i:=0 **to** n **do**

$P_n := P_n + (-1)^i \cdot n!/i! \cdot \binom{n}{i} \cdot x^i$

end

return (P_n)

FORMAC-Programm (Prozedur)

```
LAGU2: F_PROCEDURE(N);
     N=INTEGER(N);
     LET(P=0;NF=FAC(N));
     DO I=0 TO N; FIXEDA(I=I);
       LET(P=P+(-1)**I*NF/FAC(I)*COMB(N,I)*X**I;
       P=EXPAND(P));
     END;
     F_RETURN(P);
F_END LAGU2;
```

4.3. Lösung von Differentialgleichungen durch Potenzreihenansatz

Bekannterweise kann man sich die Lösung einer Differentialgleichung in Form einer Potenzreihe verschaffen. Die dazu notwendigen Schritte sind leicht formalisierbar, erfordern aber einen hohen Rechenaufwand und sind deshalb sehr fehleranfällig. Damit ist diese Vorgehensweise für Handrechnungen ungünstig, bietet sich aber ebenso wie das in 3.1.1. beschriebene Iterationsverfahren für eine automatisierte Behandlung an.
Betrachten wir zunächst die Grundidee des Verfahrens:
Es sei die Differentialgleichung n-ter Ordnung

$$y^{(n)} = f(x,y,y',...y^{(n-1)}) \tag{49}$$

mit den Anfangsbedingungen

$$y(x_0) = y_0, y'(x_0) = y_0', ..., y^{(n-1)}(x_0) = y_0$$ gegeben.

Werden diese Anfangswerte in (49) eingesetzt, so kann man aus ihnen $y^{(n)}(x_0)$ ermitteln.

Es wird (49) nach x differenziert. Damit erhalten wir $y^{(n+1)}(x,y,...,y^{(n)})$, hieraus kann wieder $y^{(n+1)}(x_0)$ bestimmt werden. In diesem Sinne fortfahrend, erhält man, sofern die entstehenden rechten Seiten differenzierbar sind, den Wert jeder Ableitung $y^{(k)}$ an der Stelle x_0 und kann somit die Taylor-Entwicklung von y(x) an der Stelle x_0 aufschreiben.
Damit ergibt sich die Lösung der Differentialgleichung an den Stellen x, an denen diese Potenzreihe konvergiert.
Betrachten wir das bereits einführend zur Polynomarithmetik angegebene Beispiel:

$$y' = x^2 - y^2 \quad , \text{ mit } x_0=0 \quad , y_0=y(x_0)=0 .$$

Durch fortgesetztes Differenzieren erhalten wir

$$y' = x^2 - y^2 ,$$

$$y'' = 2x-2y\cdot y' ,$$

$$y^{(3)} = 2-2y'^2 - 2y\cdot y'' ,$$

$$y^{(4)} = -6y'y'' - 2y\cdot y^{(3)},$$

$$y^{(5)} = -8y'y^{(3)} - 6y''^2 - 2yy^{(4)},$$

$$y^{(6)} = -10y'\cdot y^{(4)} - 20y''y^{(3)} - 2y\cdot y^{(5)},$$

$$y^{(7)} = -30y''y^{(4)} - 12yy'^{(5)} - 20y^{(3)2} - 2yy^{(6)}$$

usw.

und hieraus durch fortlaufendes Einsetzen

$y'(0) = 0 = y''(0)$,

$y^{(3)}(0) = 2$,

$y^{(4)}(0) = y^{(5)}(0) = y^{(6)}(0) = 0$,

$y^{(7)}(0) = -80$

usw.

Aus dem allgemeinen Ansatz

$y(x) = y_0 + \sum_i y^{(i)}(x_0)/i! \cdot (x-x_0)^i$

ergeben sich somit die ersten Glieder der Reihe

$y = 1/3x^3 - 1/63x^7 + \ldots$.

Durch Induktion läßt sich zeigen, daß diese Reihe mit der in 3.1.1. gewonnenen übereinstimmt.

Aus diesen generellen Betrachtungen läßt sich der folgende Algorithmus DIFFG1 zur näherungsweisen Lösung einer expliziten Differentialgleichung n-ter Ordnung durch Reihenansatz angeben:

<u>Algorithmus DIFFG1</u>

Eingabe: $y^{(n)} = f(x, y, y', \ldots, y^{(n-1)})$, eine Differentialgleichung mit den Anfangsbedingungen $y(x_0) = y_0$, $y'(x_0) = y_1, \ldots, y^{(n-1)}(x_0) = y_{n-1}$, $n, m \in N$

Ausgabe:

$y = y_0 + y_1(x-x_0) + \ldots + y_n(x-x_0)^n/n! + \ldots + y_n(x-x_0)^m/n!$

(Endlicher Reihenansatz als Näherungslösung der Differentialgleichung)

Algorithmus:

```
Schritt 1: {Ermitteln der höheren Ableitungen und Einsetzen der
            Anfangswerte}
        i1:= n-1
        for j:= n to m do
            y_j:=f
            for i:= i1 to 1 step -1 do
                y_j:= eval(y_j,d^i y/dx^i,y_i)
            end
            y_j:= eval (y_j,y,y_0,x,x_0)
            f:=df/dx
            i1:= i1+1
        end
Schritt 2: {Aufbau der Lösung}
        y:= 0
        for i:= 1 to m do
            y:= y + y_i·(x-x_0)i/(i!)
        end
        return(y)
```

Eine Bemerkung zum nachfolgend angegebenen zugehörigen FORMAC-Programm: Dieses ist als Hauptprogramm organisiert, es liest die benötigten Größen ein. Dabei ist zu beachten, daß in der zu lösenden Differentialgleichung (dargestellt als Zeichenkette) die Lösung y als Funktionsvariable Y.(X) zu notieren ist. Die Ableitungen $Y^{(n)}(x)$ sind als DERIV(Y.(X),X,N) zu schreiben. Schließlich sind die Anfangsbedingungen als Zeichenketten darzustellen.

Damit erfordert die Differentialgleichung

$y'' = (x \cdot y' - y)/(x-1)$ mit $x_0 = 0$ und $y(0) = 1$, $y'(0) = 3$

die Bereitstellung folgender Eingabedaten in der angegebenen Reihenfolge:

'(X*DERIV(Y.(X),X) - Y.(X))/(X-1)' - Dgl.

'0' - x_0

2 - n (Ordnung der Dgl.)

4 - m (Anzahl der Glieder in der Reihenentwicklung)

'1' - y(0) = 1

'3' - y'(0)= 3

FORMAC-Programm

```
DIFFG1: PROC OPTIONS(MAIN);
        FORMAC_OPTIONS;
        DCL(F,XO,Y(0:10))CHAR(50)VAR;
        OPTSET(NOINT);
        /*DAS PROGRAMM KANN MAXIMAL DIE 10-TE ABLEITUNG
        BERÜCKSICHTIGEN*/
        /*EINGABE DER DGL:*/
        GET LIST(F,XO,N,M);
        CET(F=F;XO=XO);
        FIXEDA(N=N;M=M);
        /*EINGABE DER ANFANGSBEDINGUNGEN:*/
        DO I=1 TO N-1; FIXEDA(I=I);
          GET LIST(Y(I));
          CET(Y(I)=Y(I));
        END;
    S1: /*BESTIMMEN DER HÖHEREN ABLEITUNGEN
        AUS DER GEGEBENEN DGL HERAUS:*/
        I1=N-1;
        DO J=N TO M; FIXEDA(J=J);
           LET(Y(J)=F);
           DO I=I1 TO 1 BY-1;
              FIXEDA(I=I);
              LET(Y(J)=REPLACE(Y(J),DERIV(Y(X),X,I),Y(I)));
           END;
```

```
            LET(Y(J)=REPLACE(Y(J),Y.(X),Y(0),X,X0);
              F=DERIV(F,X));
            I1=I1+1;
          END;
   S2:    /*AUFBAU DER LÖSUNG:*/
          LET(Y=0);
          DO I=1 TO M; FIXEDA(I=I);
            LET(Y=Y+Y(I)*(X-X0)**I/FAC(I));
          END;
          PRINT_OUT(Y);
END DIFFG1;
```

Mit dem angegebenen Beispiel $y''=(x^{y'}-y)/(x-1)$ und den zugehörigen Anfangsbedingungen $y(0)=1$, $y'(0)=3$ sowie $n=2$, $m=4$ ergibt sich als Resultat

$$Y = 3X/1! + X^2/2! + X^3/3! + X^4/4! + 1 .$$

Wie beim Algorithmus PICARD gilt natürlich auch hier, daß ein derartiges Lösungsverfahren vor allem dann sinnvoll ist, wenn es gelingt, aus dem allgemeinen Bildungsgesetz für die Koeffizienten der Reihenentwicklung Rückschlüsse auf die exakte Lösung zu ziehen.

Da der Aufwand zur Ermittlung der Ableitungen, vor allem bei Handrechnungen, das Verfahren kompliziert, wendet man in der Praxis mitunter auch eine abgewandelte Variante an.
Wir setzen $f(x,y,y',\ldots,y^{(n)})=0$ als Dgl. in impliziter Form voraus. (Dies ist eine unerhebliche, den Algorithmus vereinfachende Annahme.)
Wenn wir die Lösung dieser Dgl. in Form einer Reihe haben wollen, so hat diese die Form

$$y(x)=c_0+c_1x+c_2x^2+\ldots$$

mit noch unbestimmten Koeffizienten c_i.
Wir können diese Reihe formal gliedweise differenzieren, also

$$y'(x)=c_1+2c_2x+\ldots ,$$
$$y''(x)=2c_2+6c_3x+\ldots,$$
$$\vdots$$
$$y^{(n)}(x)=n!c_n+\ldots \qquad \text{bilden.}$$

Diese Entwicklungen werden in die gegebene Dgl. eingesetzt; wir erhalten eine Reihendarstellung der Form

$$f=k_0+k_1\,x+\ldots+k_m\,x^m=0, \text{ wobei}$$

k_0 von $c_0,c_1,c_2,\ldots,c_n$ abhängt, k_i, $(i>0)$, von $c_0,\ldots,c_{n+i}$.

Es folgt nun aus dem Koeffizientenvergleich sofort, daß $k_i=0$ sein muß. Hieraus können die gesuchten c_i bestimmt werden. Dabei ergibt sich eine Reihendarstellung für $y(x)$ mit n freien Parametern $c_0,\dots,c_{n-1}$, welche aus den Anfangsbedingungen ermittelt werden können.

Aus $y(x_0)=y_0,\dots,y^{(n-1)}(x_0)=y_{n-1}$ folgt

$$y_0=c_0+c_1x_0+\dots$$
$$y_1=c_1+2c_2x_0+\dots$$
$$\vdots$$
$$y_{n-1}=(n-1)!\;c_{n-1}+\dots\;.$$

Betrachten wir hierzu wieder das Beispiel

$y'=x^2-y^2$ bzw. in impliziter Form

$f(x,y,y')=y^2-x^2+y'=0$

mit der Anfangsbedingung $y_0=y(0)=0$.

Wir wählen erneut m=7 und setzen wie folgt an:

$$y(x)=c_0+c_1x+\dots+c_7x^7.$$

Dann ist (unter Beachtung, daß $c_i=0$ für i 7)

$$(y(x))^2=c_0+2c_0c_1x+\dots+(2c_0c_7+2c_1c_6+2c_2c_5+2c_3c_4)$$

und $y'(x)=c_1+2c_2x+\dots+7c_7x^6$.

Setzen wir dies in $f(x,y,y')$ ein, so ergibt sich eine Reihendarstellung

$$\begin{aligned}
k_0&=c_0+c_1,\\
k_1&=2c_0c_1+2c_2,\\
k_2&=c_1+2c_0c_2+3c_3-1,\\
k_3&=2c_0c_3+2c_1c_2+4c_4,\\
k_4&=c_2+2c_0c_4+2c_1c_3+5c_5,\\
k_5&=2c_0c_5+2c_1c_4+2c_2c_3+6c_6,\\
k_6&=c_3+2c_0c_6+2c_1c_5+2c_2c_4+7c_7,\\
k_7&=2c_0c_7+2c_1c_6+2c_2c_5+2c_3c_4
\end{aligned}\qquad(50)$$

, wobei $k_i=0$ ist.

Unter Berücksichtigung der Anfangsbedingungen $y_0=y(0)=0$ ergibt sich nun sofort

$$c_0=c_1=c_2=0\;,$$
$$c_3=1/3\;,$$
$$c_4=c_5=c_0=0\;,$$
$$c_7=-1/63$$

und somit die Näherungslösung

$$y(x)=x^3/3-x^7/63\;.$$

Man sieht sofort, daß für eine andere Anfangsbedingung $y_0=y(x_0)$ mit beliebigem x_0 sich eine Darstellung für y(x) ergibt, in der c_0 als freier Parameter stehenbleibt, denn aus der ersten Gleichung von (50) folgt $c_1= -c_0^2$, aus der zweiten Gleichung $c_2= -c_0c_1=c_0^3$, aus der dritten $c_3=(1-c_1 -2c_0c_2)/3=1/3(1-3c_0)$ usw.
Diese Herleitung ist für Handrechnung sehr aufwendig.
Noch eine Bemerkung zur Erläuterung des nachfolgend angegebenen Algorithmus. Das Grundprinzip läßt sich leicht formalisieren:

1) Ansetzen einer formalen Reihe
   $y(x)=c_0+c_1x+...+ c_mx^m$.
2) n-maliges Differenzieren dieses Reihenansatzes und Einsetzen von y(x) und der erhaltenen Ableitungen in $f(x,y,...,y^{(n)})$ sowie
   Ordnen nach Potenzen von x und Darstellen von $f(x,y,...,y^{(n)})$ in der Form
   $f=k_0+k_1x+...+k_mx^m$, wobei höhere Potenzen von x weggelassen werden.
3) Ermitteln der c_i aus $k_i=0$ und Einsetzen in die Darstellung für ψ.

Dieser Schritt soll noch etwas näher betrachtet werden:
Aus $k_0=0$ wird zunächst c_n ermittelt, indem diese Gleichung nach c_n aufgelöst wird. Diese explizite Darstellung für c_n enthält noch die freien Parameter $c_0,...,c_{n-1}$. Das ermittelte c_n wird in die Beziehung $k_1=0$ eingesetzt, diese nach c_{n+1} aufgelöst, das Resultat ist eine wiederum von $c_0,...,c_{n-1}$ abhängige Darstellung für c_{n+1}.
Dieses Prinzip wird für alle gesuchten c_i angewendet. Der Schritt des Auflösens von k_i nach c_{n+i} vollzieht sich dabei wie folgt:
Es sei $k_i= \beta(c_0,...,c_{n+i-1}) + \alpha c_{i+n}$ die mittels

k_i:= coeff(f,x^i) bzw.
k_0:= eval(f,x,0)

gewonnene explizite Darstellung. Aus $k_i=0$ folgt $c_{i+n}= -\frac{\beta}{\alpha}$; hierbei ist α = coeff(k_i,c_i) und
β = eval(k_i,x,0).
Eine zweite Möglichkeit besteht darin, c_{i+n} nach der Vorschrift

c_{i+n}:= eval(k_i-eval(k_i,c_{n+i},0), c_{n+i},1)

zu bestimmen.
Zur Darstellung der i-ten Ableitung von y(x), also $y^{(i)}$, werden wir indizierte Variable verwenden. So steht also y(i) für $y^{(i)}$, dies auch im FORMAC-Programm.

Algorithmus DIFFG2

Eingabe: $f(x,y,y',\ldots y^{(n)})$ - Differentialgleichung in impliziter Form, d.h. $f(x,y,y',\ldots,y^{(n)})=0$,
n,m N - Ordnung der Lösungsdarstellung $(m \geq n)$

Ausgabe: $y = c_0+c_1x+c_2x^2+\ldots+c_mx^m$
(Endliche Reihendarstellung für die Lösung der Differentialgleichung. Wegen der Endlichkeit dieser Reihe ist y nur eine Näherungslösung.)

Algorithmus:

```
Schritt 1: {unbestimmter formaler Reihenansatz}
       reihe:= c_0
       for i:= 1 to m do
          reihe:= reihe +c_i· x^i
       end
Schritt 2: {Bilden der formalen Ableitungen und Einsetzen in f}
       for i:= 0 to n do
          f:= eval(f,y_i,d^i reihe/dx^i)
       end
Schritt 3: {Ermitteln der c_i}
       k:= eval(f,x,0)      {Koeffizient von x^0}
       c̄_n:= -eval(k,c_n,0)/coeff(k,c_n)
       for i:= 1 to m-n do
          k:= coeff(f,x^i)
          c̄_n+i:= -eval(k,c_n+i,0)/coeff(k,c_n+i)
       end
       {Substitution aller gefundenen Werte}
       for i:= n+1 to m do
         for j:= n to i-1 do
            c̄_i= eval (c̄_i,c_j,c_j)
         end
       end
       {Aufbau der Lösung mit den ermittelten
       Koeffizienten c_i}
       y:= c̄_0
       for i:= 1 to m do
          y:= y+c̄_i· x^i
       end
       return (y)
```

FORMAC-Programm

```
DIFFG2: PROC OPTIONS(MAIN);
     FORMAC_OPTIONS;
     DCL F CHAR(100) VAR;
     OPTSET (EXPND);
     GET LIST(F,N,M);
     CET(F=F);
S1:  /*F IST IN DER WEISE ANZUGEBEN, DASS
       DIE I-TEN ABLEITUNGEN VON Y ALS
       Y(I), ALSO ALS INDIZIERTE VARIABLE
       ZU SCHREIBEN SIND*/
     LET(REIHE=C(0); FIXEDA(N=N; M=M);
     DO I=1 TO M; FIXEDA(I=I);
       LET(REIHE=REIHE+C(I)*X**I);
     END;
S2:  /*BILDEN DER ABLEITUNGEN UND EINSETZEN:*/
     DO I=0 TO M; FIXEDA(I=I);
       LET(F=EVAL(F,Y(I),DERIV(REIHE,X,I)));
     END;
S3:  /*KOEFFIZIENTENVERGLEICH:*/
     LET(K=EVAL(F,X,0);
         CQ(N)= -EVAL(K,C(N),0)/COEFF(K,C(N)));
     J=1;
     DO I=N+1 TO M; FIXEDA(I=I; J=J);
        LET(K=COEFF(F,X**J);
            CQ(I)= -EVAL(K,C(I),0)/COEFF(K,C(I)));
        J=J+1;
     END;
     /*SUBSTITUTION VON CQ(I) FÜR C(I):*/
     DO I=N+1 TO M; FIXEDA(I=I);
        DO J=N TO I-1; FIXEDA(J=J);
          LET(CQ(I)=REPLACE(CQ(I), C(J), CQ(J)));
        END;
     /*AUFBAU DER LÖSUNG:*/
     LET(Y=C(0));
     DO I=1 TO M; FIXEDA(I=I);
      LET(Y=Y+CQ(I)*X**I);
     END;
     PRINT_OUT(Y);
 END DIFFG2;
```

4.4. Integration spezieller Funktionen

4.4.1. Integration von Exponentialpolynomen

Wir wollen die Integration von Funktionen der Form

$$f(x) = A(x)\exp(\eta(x)) \qquad (51)$$

betrachten, wobei $A(x), \eta(x) \in Q[x]$ sind.
Funktionen dieses Typs sind insofern interessant, als sich ein Entscheidungsalgorithmus zu ihrer Integration angeben läßt. Mit anderen Worten: Es ist algorithmisch entscheidbar, ob eine Funktion der Form (51) in geschlossener Form integrierbar ist.
Diese Entscheidung und die Ermittlung von $\int f(x)dx$ erfordert lediglich Operationen in Q bzw. Q[x], also letztlich Ringoperationen und die Ermittlung von Ableitungen.
Die theoretische Begründung hierfür wird von der Liouvilleschen Theorie der elementar-transzendenten Funktionen geliefert.
Es gilt nämlich:
Falls $\int f dx$ geschlossen darstellbar ist, so ist dieses Integral vom gleichen Typ wie f(x), d.h.

$$\int f dx = B(x)\cdot\exp(\eta(x)) + c \quad \text{mit } B(x) \in Q[x],\ c \in Q. \qquad (52)$$

Anmerkung: Diese Aussage läßt sich sogar noch ausdehnen auf alle Funktionen, die durch endlich viele transzendente Körpererweiterungen von Q[x] darstellbar sind, d.h., es lassen sich Entscheidungsaussagen über die Gestalt des Integrals einer derartigen Funktion angeben. Risch /17/ hat, aufbauend auf der Liouvilleschen Theorie, einen Entscheidungsalgorithmus hierfür angegeben.
Für die hier zu betrachtende Klasse von Funktionen des Typs werden wir zwei aus dem Algorithmus von Risch abgeleitete Algorithmen angeben.
Dazu wird das Problem der Integration von

$$f(x) \in Q[x, \exp(\eta)]$$

zurückgeführt auf die Lösung einer linearen Differentialgleichung in Q[x].
Hierzu differenzieren wir die Beziehung (52) und erhalten

$$A(x)\cdot\exp(\eta) = [B'(x) + \eta'\cdot B(x)]\exp(\eta). \qquad (53)$$

Da $\exp(\eta)$ algebraisch unabhängig von allen Elementen aus Q[x] (somit auch von A, B und B') ist, können wir schreiben

$$A = B' + \eta'\cdot B. \qquad (54)$$

Damit ist Gleichung (54) zum Schlüssel der ursprünglichen Integrationsaufgabe geworden. Das gesuchte Integral läßt sich genau in geschlossener Form darstellen, wenn (54) eine Lösung $B \in Q[x]$ hat.
Wir werden zwei Lösungsvarianten zur Ermittlung von B(x) aus (54) angeben. Zunächst noch einige Vorbetrachtungen:
Es sei $m = \deg(A)$, $t = \deg(\eta)$, $s = \deg(B)$.
Zunächst gilt $\deg(B\cdot\eta') = s + t - 1$, $\deg(B') = s - 1$.

Ferner können wir voraussetzen $\deg(\eta) \geq 1$. Wir betrachten zunächst nur

$\deg(\eta) > 1$; damit ist sofort

$\deg(B\cdot\eta') > \deg(B')$, und aus (54) folgt

$m = s + t - 1$. Da für das gesuchte B gelten muß $s \geq 0$, folgt also

$m = s + t - 1 \geq t - 1$.

Betrachten wir noch $t = \deg(\eta) = 1$, also $\deg(\eta') = 0$:

Da wir $m = \deg(A) = 0$ voraussetzen können und $t - 1 \geq 0$ gilt, können wir sofort $m \geq t - 1$ ableiten.

Damit haben wir als notwendige Voraussetzung für die Lösbarkeit von (54) erhalten:

$$\deg(A) \geq \deg(\eta').$$

Variante 1 zur Lösung von (54):

Wir setzen B als Polynom unbestimmt an, und seine Koeffizienten werden durch Koeffizientenvergleich ermittelt.

Sei $\eta = \eta_t x^t + \ldots + \eta_0$, $A = a_m x^m + \ldots + a_0$.

Wir setzen an

$B = b_{m-t+1} x^{m-t+1} + \ldots + b_1 x + b_0 = b_s x^s + \ldots + b_1 x + b_0$.

Es ist dann

$$\eta' = t\cdot\eta_t x^{t-1} + \ldots + \eta_1,$$

$$B' = s\, b_s x^{s-1} + \ldots, \quad \text{also } B' + B\eta' =$$

$$s\, b_s x^{s-1} + \ldots + b_1 + t\,\eta_t b_s x^m + \ldots + (2\eta_2 b_0 + \eta_1 b_1)x + b_0\eta_1.$$

Führen wir mit diesem Ansatz in (54) Koeffizientenvergleich bezüglich der Potenzen x^i durch, so entsteht ein lineares Gleichungssystem, das sich in Matrizendarstellung schreiben läßt als

$$\begin{bmatrix} t\eta_t & & \\ \vdots & \ddots & \\ \eta_1 & \ddots & t\eta_t \\ s & \ddots & \vdots \\ & \ddots & \eta_1 \\ & & 1 \end{bmatrix} \cdot \begin{bmatrix} b_s \\ \\ \vdots \\ \\ b_0 \end{bmatrix} = \begin{bmatrix} a_m \\ a_{m-1} \\ \vdots \\ \\ a_0 \end{bmatrix} \qquad (55)$$

Zur Lösung des Systems betrachten wir zwei Fälle:

a) $t = 1$

Die Koeffizientenmatrix ist quadratisch $(s+1=m+1)$, ihre Determinante hat den Wert $\eta_1^{\,s} \neq 0$.

Damit existiert stets eine Lösung von (54) für t = 1, d.h.,

$$\int A(x)\cdot\exp(\eta_1 x+\eta_0)dx$$

existiert stets in geschlossener Form.

b) t > 1, es gilt dann m + t > s + 1.

Aus den ersten s + 1 Gleichungen von (55) lassen sich die $b_0, b_1, \ldots, b_s$ ermitteln, wobei die Koeffizientenmatrix bereits Dreiecksgestalt hat, was die Auflösung wesentlich vereinfacht. Das aus den ersten s + 1 Gleichungen von (55) bestehende Teilsystem ist stets eindeutig lösbar.

Wenn nun das ursprünglich gesuchte Integral geschlossen darstellbar ist, so müssen die gefundenen $b_0, b_1, \ldots, b_s$ auch die restlichen Gleichungen von (55) befriedigen, anderenfalls ergeben sich Widersprüche.

Wir haben somit das ursprüngliche Integrationsproblem auf ein rein numerisches Problem der Lösung eines linearen Gleichungssystems zurückgeführt, dessen Koeffizientenmatrix und rechte Seite nur rationale Zahlen enthalten und bereits eine Form haben, die sofort eine direkte Auflösung gestattet. Werden die notwendigen Rechnungen mit Rationalarithmetik durchgeführt, sind die Resultate folglich frei von jeglichen Rundungsfehlern.

Es wird an dieser Stelle auch folgendes deutlich:

Die beschriebene Variante 1 entspricht inhaltlich genau dem im vorigen Abschnitt beschriebenen Algorithmus DIFFG2, angewendet auf die implizite Differentialgleichung

$$A(x) - \eta'(x)\cdot B(x) - B'(x) = 0$$

und bedeutet, daß das Näherungsverfahren DIFFG2 in diesem speziellen Fall eine exakte Lösung liefert, falls diese existiert. Das Fehlen einer Anfangsbedingung bedeutet dabei, daß das ermittelte Integral bis auf die Integrationskonstante eindeutig ist.

Auf die Angabe eines Algorithmus sowie eines Programmes zur Variante 1 soll verzichtet werden.

Variante 2

Es handelt sich hier um eine Variante, die nur Polynomoperationen erfordert. Ausgangspunkt ist der folgende

<u>Satz</u>: Wenn $B(x) \in Q[x]$ Lösung von

$$A(x) = B'(x) + \eta'(x)\cdot B(x)$$ ist,

dann gilt:

1.) B(x) ist eindeutig.

2.) A(x) und B'(x) lassen bei Division durch $\eta'(x)$ den gleichen Rest.

<u>Beweis</u>:

Der erste Teil des Satzes ist trivial:

Wir nehmen an B_1 und B_2 sind Lösung von (52), dann folgt sofort

$$0 = B_1-B_2+\eta'(B_1-B_2).$$

Setzen wir $S = B_1-B_2$, so hat die homogene Differentialgleichung

$0 = S'+\eta'\cdot S$ die Lösung $S = k\cdot\exp(-\eta)$ (k - Konstante).

Da $S \in Q[x]$ sein soll, muß folglich $k=0$, also $S=0$ bzw. $B_1=B_2$ sein.

Teil 2 des Satzes:

Nach der oben abgeleiteten notwendigen Voraussetzung

$$\deg(A) \geq \deg(\eta')$$

spaltet A bei Division durch η' mindestens einen konstanten Term ab.

Wir nehmen an

$$A/\eta' = G_1+R_1/\eta', \quad B'/\eta' = G_2+R_2/\eta' \quad \text{mit } R_1 \neq R_2.$$

Aus (54) würde also folgen

$$A/\eta' = B'/\eta'+B, \qquad \text{d.h.,}$$

$$G_1+R_1/\eta' = G_2+R_2/\eta' + B, \qquad \text{also}$$

$$(R_1-R_2)\eta' = G_2-G_1+B, \qquad \text{folglich}$$

müßte R_1-R_2 Vielfaches von η' sein. Wegen $\deg(R_1)<\deg(\eta')$ und $\deg(R_2)<\deg(\eta')$ kann dies nur gelten für $R_1-R_2 = 0$, d.h., $R_1=R_2$.

Damit ist der Satz bewiesen. Nun zur Herleitung des Verfahrens:

Wir dividieren (54) durch η' und erhalten

$$A/\eta' = T_1+R_1/\eta'=B+S_1+R_1/\eta',$$

wobei S_1 vorläufig noch unbekannt ist. Es hat den Anschein, als habe sich die Situation durch das Auftreten einer neuen Unbekannten S_1 nur komplizierter gestaltet, das Gegenteil ist aber der Fall, denn es ist

$B = T_1 - S_1$, $B' = T_1' - S_1'$, und (54) wird zu

$$A = T_1'- S_1'+\eta'(T_1-S_1) = T_1\cdot\eta' + R_1 \qquad \text{oder}$$

$$T_1'- R_1= S_1'+ S_1\cdot\eta', \qquad \text{bzw. mit}$$

$$L_1=T_1'-R_1 \qquad \text{ergibt sich}$$

$$L_1=S_1'+ S_1\cdot\eta'. \tag{56}$$

(56) ist äquivalent zur Differentialgleichung (54), denn die Lösung S_1 von (56) liefert mit $B = T_1-S_1$ sofort die Lösung von (54).

Darüber hinaus gilt

$$\deg(R_1) < t - 1 = m - s < m,$$

$$\deg(t_1) = m - t + 1 = s \geq 0,$$

$$\deg(T_1) = m - t = s - 1 < m.$$

Also ist

$$\deg(L_1) = \deg(T_1'-R_1)< m.$$

Dies bedeutet $\deg(L_1) < \deg(A)$.

Setzen wir dieses Prinzip fort, so ergibt sich, daß zur Lösung von (56) die gleichen notwendigen Bedingungen wie bei (54) erfüllt sein müssen, also

$$L_2/\eta' = T_2 + R_2/\eta' = S_1 + S_2 + R_2/\eta',$$

$$S_1 = T_2 - S_2, \quad B = T_1 - T_2 + S_2.$$

Mit $L_2 = T_2' - R_2$ erhalten wir

$$L_2 = S_2 + \eta' \cdot S_2 \quad (57)$$

(57) ist äquivalent zu (56) und damit zu (54), es gilt darüber hinaus

$$\deg(L_2) < \deg(L_1).$$

Wir verallgemeinern dieses Prinzip der fortlaufenden Division durch es entsteht eine Folge linearer Differentialgleichungen, die zueinander äquivalent sind und bei denen die Grade der linken Seite abnehmen. Inbesondere gilt

$$B = T_1 - T_2 + T_3 + \ldots + (-1)^{i+1} \cdot T_i + (-1)^i \cdot S_i .$$

Wegen der abnehmenden Grade der L_i gibt es zwei Möglichkeiten:

a) Nach k Schritten gilt $L_k = 0$, d.h. $T_k' = R_k$.

b) Nach k Schritten gilt $\deg(L_k) < \deg(\eta')$, aber $L_k \neq 0$.

a) bedeutet nun aber

$$B = T_1 - T_2 + \ldots + (-1)^{k+1} \cdot T_k + (-1)^k \cdot S_k ,$$

$$0 = S_k + \eta' \cdot S_k . \quad (58)$$

Wie im Beweis des Satzes gezeigt, hat die homogene Differentialgleichung (58) nur die Lösung S=0 aus Q[x].

Somit ist

$$B = T_1 - T_2 + \ldots + (-1)^{k+1} \cdot T_k ,$$

$$B' = T_1' - T_2' + \ldots + (-1)^{k+1} \cdot T_k' .$$

Nun ist aber

$$T_1 = (A - R_1)/\eta', \quad T_2 = (T_1 - R_1 - R_2)/\eta', \ \ldots ,$$

$$T_k = (T_{k-1} - R_{k-1} - R_k)/\eta' ,$$

also

$$\begin{aligned} B \cdot \eta' + B' &= T_1 - T_2 + \ldots + (-1)^{k+1} \cdot T_k' \\ &\quad + A - R_1 - T' + R_1 + R_2 + T_2' - R_2 - R_3 + \ldots \\ &\quad \ldots + (-1)^{k+1} \cdot (T_{k-1} - R_{k-1} - R_k) \\ &= A + (-1)^{k+1} \cdot T_k' + (-1)^{k+2} \cdot R_k \\ &= A + 0 \qquad \text{wegen } T_k' = R_k . \end{aligned}$$

Damit ist das so konstruierte B Lösung von (54).

b) bedeutet, daß (54) nicht lösbar ist, denn die notwendige Lösbarkeitsbedingung für

$$L_k = S_k + \eta' \cdot S_k \quad \text{ist nicht erfüllt.}$$

Nachfolgend nun die Beschreibung des Algorithmus und das zugehörige FORMAC-Programm:

Algorithmus INTEX

Eingabe: f = A exp(η) A,$\eta \in$ Q[x]

Ausgabe: B$\in$Q[x], so daß gilt

g:= B·exp(η) =$\int$fdx,

(Falls fdx nicht geschlossen darstellbar ist, wird ein entsprechender Hinweis ausgegeben.)

Algorithmus:

```
    B:=0
    L:=A    Faktor:=1  η̄ :=η'
    while deg(L) ≥ deg(η̄)) do
    T:=quotient(L,η̄)  R1:=rem(L,η̄)
    B:=B+Faktor T
    Faktor:=-Faktor
    L:=T'-R1
    end
    if L ≠ 0  then
    return        'f nicht geschlossen integrierbar'
                  else
                  g:=B·exp(η)
    return (g)
```

Mit dem folgenden Programm INTEX wird der gleichnamige Algorithmus realisiert. Zum Programm selbst sollen einige wenige Erläuterungen genügen.

Der Integrand ist, wie üblich, als PL/1-Zeichenkette anzugeben; er hat die Form

'polynom1 * EXP(polynom2)' oder aber

'polynom1 * #E ** (polynom2)'.

Beide Varianten können verwendet werden.

Das Problem besteht darin, polynom1 (entspricht A in der Algorithmusbeschreibung) und polynom2 (also η) zu ermitteln.

Da intern alle Ausdrücke der Form EXP(argument) dargestellt werden als #E**(argument), können wir zunächst die Tatsache ausnutzen, daß sich auch Systemkonstanten wie #E mittels EVAL durch einen anderen Ausdruck ersetzen lassen. Wenn wir im Integranden die Systemkonstante #E durch den Zahlenwert 1 ersetzen, erhalten wir sofort das gesuchte polynom1. Zur Bestimmung von polynom2 gibt es mehrere Möglichkeiten. Wir verwenden im Programm eine Folge von elementaren Zeichenkettenoperationen. Dazu ermitteln wir in dem als PL/1-Zeichenkette vorliegenden Integranden zunächst mit der Zeichenkettenfunktion INDEX die Position des Zeichens 'E'. Es ist offenbar, daß sowohl bei der ersten als auch bei der zweiten Version der Darstellung des Integranden 3 Zeichen nach dem Zeichen 'E' der Exponent beginnt. Dieser wird mit der Zeichenkettenfunktion SUBSTR abgetrennt.

FORMAC-Programm

```
INTEX: F_PROCEDURE (F) LOCAL (ETA;A;I1;B;FAKTOR;LGR;ETGR;L;T;ETAS;R1;G);
       DCL(F,ETA)CHAR(*);
       DCL G CHAR(8)VAR;
       CET(F=F);
       /* ZERLEGEN DES INTEGRANDEN:*/
       /* ERMITTELN DES KOEFFIZIENTEN DER EXPONENTIALFUNKTION:*/
       LET(A=EVAL(F,#E,1));
       /* ERMITTELN DES EXPONENTEN:*/
       I1=INDEX(F,'E');
       ETA=SUBSTR(INTEGER,I1+3);
       CET(ETA=ETA);
       /* EIGENTLICHER ALGORITHMUS:*/
       LET(B=0;L=A;FAKTOR=-1;
           ETAS=DERIV(ETA,X);
           LGR=HIGHPOW(L,X);
           ETGR=HIGHPOW(ETAS,X));
       LGR=INTEGER(LGR);
       ETGR=INTEGER(ETGR);
       DO WHILE (LGR  = ETGR);
         CALL PDIV('L','ETAS','T','R1');
         LET(B=B+FAKTOR*T;
             FAKTOR= -FAKTOR;
             L=DERIV(T,X)-R1;
             LGR=HIGHPOW(L,X));
         LGR=INTEGER(LGR);
       END;
       IF  IDENT(L;0) THEN DO;
         PUT SKIP LIST ('NICHT GESCHLOSSEN INTEGRIERBAR');
         F_RETURN(0); END;
         ELSE DO;
            LET(G=B*EXP(ETA));
            PUT SKIP LIST ('INTEGRAL');
            PRINT_OUT(G);
         END;
        F_RETURN(G);
F_END INTEX;
```

Das beschriebene Prinzip läßt sich sofort verallgemeinern auf sog. Exponentialpolynome der Form

$$\int \sum_i A_i \cdot \theta^i dx \qquad (\text{mit } \theta = e^{\eta},\ A_i, \eta \in Q[x]) ,$$

denn es gilt

$$\int \sum_i A_i \cdot \theta^i dx = \sum_i B_i \cdot \theta^i + c \qquad \text{mit } B_i \in Q[x] .$$

Dies bedeutet, INTEX kann in diesem Falle summandenweise angewendet werden.
Der folgende Algorithmus VINTEX stellt eine Verallgemeinerung des Algorithmus INTEX auf Exponentialpolynome der Form

$A_i \cdot \exp(\eta)^i$ dar.

Dabei wird INTEX auf jeden einzelnen Summanden $A_i \cdot \exp(\eta)^i$ angewendet. Das Ermitteln des jeweils zur Integration verwendeten Summanden geschieht dabei mit den FORMAC-Funktionen NARGS und ARG.

Algorithmus VINTEX

Eingabe: $f = \sum_i A_i \cdot \exp(\eta)^i$,
$A_i, \eta \in Q[x]$

Ausgabe: $g = \sum_i B_i \cdot \exp(\eta)$, $B_i \in Q[x]$,
so daß $g = \int f dx$.
(Falls $\int f dx$ nicht geschlossen darstellbar ist, wird ein entsprechender Hinweis ausgegeben.)

Algorithmus:
```
    g:= 0
for i:= 1 to k do
    S_i:= i-ter Summand von f
    R_i:= INTEX(S_i)
    g:= g + R_i
end
return(g)
```

Programm VINTEX
```
VINTEX: PROC OPTIONS(MAIN);
       FORMAC_OPTIONS;
       DCL F CHAR(600) VAR;
       F_FUNCTION (INTEX);
       GET LIST(F);
       CET(F=F);
       K=NARGS(F);
       /* ERMITTELN DER ANZAHL DER SUMMANDEN VON F */
       LET(G=0);
       DO I=1 TO K; FIXEDA(I=I);
         LET(S=ARG(I,F);
       /* I-TER SUMMAND VON F */
         R=INTEX(S));
       /* INTEGRATION DES SUMMANDEN */
         LET (G=G+R);
       END;
       PRINT_OUT (G);
END VINTEX;
```

4.4.2. Integration spezieller logarithmischer Funktionen

In diesem Abschnitt wollen wir ein Programm zur Integration von Funktionen der Form

$$f = \sum_{i,j} x^i (\ln x)^j, \qquad i,j \neq -1 ,$$

angeben.
Auf die Angabe des Algorithmus soll dabei, ebenso wie auf nähere Erläuterungen zum Programm, verzichtet werden.
Bemerkt werden soll lediglich, daß sich die Integration derartiger Funktionen reduziert auf die Integration von Termen der Form
$x^m \ (\ln x)^n$; es gilt

$$\int x^m (\ln x)^n dx = x^{m+1} (\ln x)^n/(m+1) - \int x^m (\ln x)^{n-1} \, n/(m+1) \, dx .$$

Wenn wir diese Rekursionsformel umformen, erhalten wir eine explizite Darstellung des gesuchten Integrals als

$$\int x^m (\ln x)^n dx = x^{m+1}/(m+1) \cdot \sum (-1)^i n!/(n-i)! \ (\ln x)^{n-i}/(m+1)^i .$$

Das nachfolgende Programm wendet diese Formel, die für beliebige m=-1, n=-1 gilt, auf die einzelnen Summanden von f an.

FORMAC-Programm

```
LOGINT: PROC OPTIONS(MAIN);
        FORMAC_OPTIONS;
        DCL F CHAR (80);
        ON ENDFILE(SYSIN) GOTO E;
    A:  GET LIST(F);
        LET(P=F);
        PUT SKIP LIST('FUNKTION:');
        PRINT_OUT(P);
        CALL INT('P','X','Q');
        PUT SKIP LIST('INTEGRAL:');
        PRINT_OUT(Q);
        GOTO A;
  INT:  PROC(P#,X#,Q#);
        DCL (P#,X#,Q#) CHAR (8) VARYING;
        OPTSET(EXPND);
        OPTSET(INT);
        CET(P#=P#;X#=X#);
        LET(Q#=0;P#=REPLACE(P#,LOG(X#),Y#));
        LET(IP#=HIGHPOW(P#,Y#));
        IP#=INTEGER(IP#);
```

```
/* ZYKLUS LOGARITHMUSPOTENZEN */
      DO I#=0 TO IP#;FIXEDA(I#=I#);
/* KOEFFIZIENT DER LOGAR.-POTENZ */
        IF I#  0 THEN
          LET(PK#=COEFF(P#,Y#**I#)) ELSE
          LET(PK#=REPLACE(P#,Y#,0));
        IF IDENT (PK#;0) THEN; ELSE DO;
/* LAUFGRENZEN FÜR DIE X-POTENZEN */
          LET(S#=PK#*X#**15000;
              I1#=LOWPOW(S#,X#)-15000;
              I2#=HIGHPOW(S#,X#)-15000);
          I1#=INTEGER(I1#);
          I2#=INTEGER(I2#);
/* ZYKLUS X-POTENZEN */
          DO J#=I1# TO I2#; FIXEDA (J#=J#);
/* KOEFFIZIENT DER X-POTENZ */
            IF J#=0 THEN
              LET(A#=COEFF(PK#,X#**J#)) ELSE
              LET(A#=COEFF(PK#*X#,X#));
            IF IDENT (A#;0) THEN; ELSE DO;
/* INTEGRATION VON X**J*LOG(X)**I*/
              LET(S#=0);
              IF J#= -1 THEN DO;
/* SUMMATIONSZYKLUS */
                DO K#=0 TO I#; FIXEDA (K#=K#);
                  LET(S#=S#+LOG(X#)**(I#-K#)*(-1)**K# /
                         (J#+1)**K#*FAC(I#)/FAC(I#-K#));
                END;
/* ENDE SUMM.-ZYKLUS */
/* SUMMATION DER EINZELNEN INTEGRANDEN */
                LET(Q#=Q#+S#*X#**(J#+1)/(J#+1)*A#);
              END;ELSE
                LET(Q#=Q#+LOG(X#)**(I#+1)/(I#+1)*A#);
            END;
          END;
        END;
/* ENDE X-ZYKLUS */
      END;
/* ENDE LOG.-POT.-ZYKLUS */
      RET(Q#=Q#);
      ATOMIZE(P#;X#;A#;PK#;S#;Y#;Q#);
  END INT;
E:END LOGINT;
```

4.5. Vektoralgebra und -analysis

In diesem Abschnitt wollen wir Grundprobleme der Vektorrechnung betrachten. Da die Aufgabenstellungen relativ einfach sind, werden wir auf die Angabe von Algorithmen verzichten; stattdessen werden sofort die entsprechenden Programme angegeben.

Zur Realisierung verwenden wir die bereits in 3.1.7. eingeführten Ketten und die ARG-Funktion.

Für folgende Operationen zwischen Vektoren in einem dreidimensionalen kartesischen Koordinatensystem geben wir FORMAC-Prozeduren an:

Vektoroperation	Prozedurname
Vektor mal Skalar	VMS
Vektoraddition	VA
Vektorsubtraktion	VS
Skalarprodukt	SKP
Kreuzprodukt	KRP
Absolutbetrag eines Vektors	ABS

Es bedeuten in den folgenden Programmen:

V1, V2 - Vektoren
S - Skalar
EV - Ergebnis (Vektor)
ES - Ergebnis (Skalar)

FORMAC-Prozeduren zur Vektoralgebra

Multiplikation eines Vektors mit einem Skalar:

```
VMS: PROC(V,S,EV,V);
     DCL(V,S,EV).CHAR (8) VARYING;
     CET(V=(V);S=S);
     LET(A=ARG(1,V)*S;EV=CHAIN(A);
         A=ARG(2,V)*S;EV=(EV,A);
         A=ARG(3,V)*S;EV=(EV,A));
     RET(EV=(EV));
END VMS;
```

Skalarprodukt zweier Vektoren:

```
SKP: PROC(V1,V2,SP);
     DCL(V1,V2,SP) CHAR (8) VARYING;
     CET(V1=(V1);V2=(V2));
     LET(SP=ARG(1,V1)*ARG(1,V2)+
            ARG(2,V1)*ARG(2,V2)+
            ARG(3,V1)*ARG(3,V2));
     RET(SP=SP);
END SKP;
```

Kreuzprodukt zweier Vektoren:

```
KRP: PROC(V1,V2,VE);
     DCL(V1,V2,VE) CHAR (8) VARYING;
     CET(V1=(V1);V2=(V2));
     LET(E=ARG(2,V1)*ARG(3,V2)-ARG(2,V2)*ARG(3,V1);
         VE=CHAIN(E);
         E=ARG(3,V1)*ARG(1,V2)-ARG(1,V1)*ARG(3,V2);
         VE=CHAIN(VE,E);
         E=ARG(1,V1)*ARG(2,V2)-ARG(1,V2)*ARG(2,V1);
         VE=(VE,E));RET(VE=(VE));
END KRP;
```

Addition zweier Vektoren:

```
VA: PROC(V1,V2,VA);
    DCL(V1,V2,VA) CHAR (8) VARYING;
    CET(V1=(V1);V2=(V2));
    LET(A=ARG(1,V1)+ARG(1,V2);
       VA=CHAIN(A);
       A=ARG(2,V1)+ARG(2,V2);
       VA=(VA,A);
       A=ARG(3,V1)+ARG(3,V2);
       VA=(VA,A));
    RET(VA=(VA));
END VA;
```

Subtraktion zweier Vektoren:

```
VS: PROC(V1,V2,VS);
    DCL(V1,V2,VS) CHAR (8) VARYING;
    CET(V1=(V1);V2=(V2));
    LET(A=ARG(1,V1)-ARG(1,V2);
       VA=CHAIN(A);
       A=ARG(2,V1)-ARG(2,V2);
       VA=(VA,A);
       A=ARG(3,V1)-ARG(3,V2);
       VA=(VA,A));
    RET(VS=(VA));
END VS;
```

Absolutbetrag eines Vektors:

```
ABS: PROC(V1,ER);
     DCL(V1,ER) CHAR (8) VARYING;
     CET(V1=(V1));
     LET(ER=SQRT(ARG(1,V1)**2+ARG(3,V1)**2+ARG(2,V1)**2));
     RET(ER=ER);
END ABS;
```

Ebenso wie die Aufgaben der Vektoralgebra lassen sich in FORMAC typische Grundaufgaben der Vektoranalysis recht bequem realisieren, dies wiederum durch Ketten und die Gruppe der ARG-Funktionen.
Zunächst wollen wir in gedrängter Form einige Grundbegriffe der Feldtheorie zusammenfassen.

Skalares Feld:
Eine skalare Größe U, die in jedem Punkt M des Raumes bestimmte Werte annimmt, heißt skalare Punktfunktion oder skalares Feld U = U(M).
Sei r der Radiusvektor; dann können wir auch U = U(r) schreiben.
In Abhängigkeit vom verwendeten Koordinatensystem genügt U dann den Darstellungen

$U = \Phi(X,Y,Z)$ (kartesische Koordinaten),
$U = \Psi(\varrho,\varphi,Z)$ (Zylinderkoordinaten),
$U = \chi(r,\theta,\varphi)$ (Polarkoordinaten).

Vektorfeld:
Eine vektorielle Größe V, die in jedem Raumpunkt M einen bestimmten Wert annimmt, heißt Vektorfunktion eines Punktes oder Vektorfeldes V = V(M) und kann in Abhängigkeit von den Koordinaten durch drei skalare Felder V1, V2, V3 definiert werden.
Seien e_1,e_2,e_3 drei inkomplanare Richtungsvektoren, dann gilt

$V = V_1\cdot e_1 + V_2\cdot e_2 + V_3\cdot e_3$ bzw.
$V = Vx(x,y,z)\cdot i+Vy(x,y,z)\cdot j+Vz(x,y,z)\cdot k$,

wobei i,j,k die Einheitsvektoren der Koordinatenachsen sind und V_1,V_2,V_3 in kartesischen Koordinaten dargestellt werden.
In Zylinder- bzw. Kugelkoordinaten haben wir die Einheitsvektoren

e_ϱ , e_φ , e_z bzw.
e_r , e_φ , e_θ ; diese sind Tangenten an die Koordinatenlinien in jedem Punkt. Damit ist

$V = V_\varrho(\varrho,\varphi,z)\cdot e_\varrho + V_\varphi(\varrho,\varphi,z)\cdot e_\varphi + Vz(\varrho,\varphi,z)\cdot e_z$

bzw.

$V = V_r(r,\varphi,\theta)\cdot e_r + V_\varphi(r,\varphi,\theta)\cdot e_\varphi + V_\theta(r,\varphi,\theta)\cdot e_\theta$.

Sei U ein Skalarfeld. Der Gradient des Feldes U (kurz grad(U)) ist ein Vektor, der in jedem Feldpunkt definiert ist und die Richtung der Normalen an die Niveaufläche besitzt.
In Koordinatenschreibweise ergibt sich in Abhängigkeit vom verwendeten Koordinatensystem

$$grad(U)= (\frac{\partial u}{\partial x}, \frac{\partial u}{\partial y}, \frac{\partial u}{\partial z}) ,$$

$$grad(U)= (\frac{\partial u}{\partial \varrho}, \frac{\partial u}{\varphi\cdot\partial\varphi}, \frac{\partial u}{\partial z}) ,$$

$$grad(U)= (\frac{\partial u}{\partial r}, \frac{1}{r\cdot\sin\theta}\cdot\frac{\partial u}{\partial\varphi}, \frac{1}{r}\cdot\frac{\partial u}{\partial\theta}) .$$

Divergenz eines Vektorfeldes

Sei V ein Vektorfeld. Als Divergenz von V (div(V)) bezeichnet man einen Skalar, der in jedem Feldpunkt definiert ist und durch die Volumenableitung des Feldes dargestellt wird.

Es gilt

$$\mathrm{div}(V) = \frac{\partial V}{\partial x} + \frac{\partial V}{\partial y} + \frac{\partial V}{\partial z},$$

$$\mathrm{div}(V) = \frac{1}{\varrho}\cdot\frac{\partial(\varrho\cdot V_\varrho)}{\partial\varrho} + \frac{1}{\varrho}\cdot\frac{\partial V_\varphi}{\partial\varphi} + \frac{\partial V_z}{\partial z},$$

$$\mathrm{div}(V) = \frac{1}{r^2}\left[\frac{\partial(r^2\cdot V_r)}{\partial r}\right] + \frac{1}{r\cdot\sin\Theta}\cdot\frac{\partial V_\varphi}{\partial\varphi} + \frac{1}{r\cdot\sin\Theta}\left[\frac{\partial(\sin\Theta\cdot V_\Theta)}{\partial\Theta}\right].$$

Als Rotation eines Vektorfeldes V bezeichnet man einen Vektor, der in Abhängigkeit vom verwendeten Koordinatensystem definiert ist durch

$$\mathrm{rot}(V) = \left(\frac{\partial V_z}{\partial y} - \frac{\partial V_y}{\partial z}, \frac{\partial V_x}{\partial z} - \frac{\partial V_z}{\partial x}, \frac{\partial V_y}{\partial x} - \frac{\partial V_x}{\partial y}\right)$$

bzw.

$$\mathrm{rot}(V) = \left(\frac{1}{\varrho}\cdot\frac{\partial V_z}{\partial\varphi} - \frac{\partial V_\varphi}{\partial z}, \frac{\partial V_\varrho}{\partial z} - \frac{\partial V_z}{\partial\varrho}, \frac{1}{\varrho}\cdot\frac{\partial(\varphi\cdot V_\varphi)}{\partial\varrho} - \frac{1}{\varrho}\cdot\frac{\partial V_\varphi}{\partial\varphi}\right)$$

Als weiteres realisiertes Element der Vektorenanalyse soll der Laplace-Operator betrachtet werden. Er ist definiert durch

$$\Delta = \nabla^2 \quad \text{mit} \quad \nabla = \frac{\partial}{\partial x}i + \frac{\partial}{\partial y}j + \frac{\partial}{\partial z}k$$

(Hamiltonoperator).

Anmerkung:

Es gilt $\mathrm{grad}(U) = \nabla U$,

$\mathrm{div}(V) = \nabla V$,

$\mathrm{rot}(V) = \nabla \times V$.

Die Darstellung von Δ in den verschiedenen Koordinatensystemen lautet

$$\Delta U = \frac{\partial^2 U}{\partial x^2} + \frac{\partial^2 U}{\partial y^2} + \frac{\partial^2 U}{\partial z^2}$$

bzw.

$$\Delta U = \frac{1}{\varrho}\cdot\frac{\partial}{\partial\varrho}\left(\varrho\cdot\frac{\partial U}{\partial\varrho}\right) + \frac{1}{\varrho^2}\cdot\frac{\partial^2 U}{\partial\varphi^2} + \frac{\partial^2 U}{\partial z^2}$$

$$\Delta U = \frac{\partial^2 U}{\partial r^2} + \frac{2\cdot\partial U}{r\,\partial r} + \frac{1}{r^2\cdot\sin^2\Theta}\cdot\frac{\partial^2 U}{\partial\varphi^2} + \frac{1}{r^2}\cdot\frac{\partial^2 U}{\partial\Theta^2} + \frac{1}{r^2}\cot\Theta\cdot\frac{\partial U}{\partial\Theta}$$

Die Anwendung von Δ auf einen Vektor V lautet nun

$$\Delta V = \Delta V_x i + \Delta V_y j + \Delta V_z k$$

$$= \left(\frac{\partial^2 V_x}{\partial x^2} + \frac{\partial^2 V_x}{\partial y^2} + \frac{\partial^2 V_x}{\partial z^2}, \frac{\partial^2 V_y}{\partial x^2} + \frac{\partial^2 V_y}{\partial y^2} + \frac{\partial^2 V_y}{\partial z^2}, \frac{\partial^2 V_z}{\partial x^2} + \frac{\partial^2 V_z}{\partial y^2} + \frac{\partial^2 V_z}{\partial z^2}\right)$$

Auf die Angabe von Algorithmen soll auch hier verzichtet werden. Wir geben stattdessen FORMAC-Prozeduren an:

Operation	Prozedurname
Gradient eines Skalarfeldes	GRAD
Rotation eines Vektorfeldes	ROT
Divergenz eines Vektorfeldes	DIV
Laplaceoperator	LAP

Es bedeuten:

V: Vektorfeld,

S: Skalarfeld,

SV: Skalar- oder Vektorfeld,

KS: Angabe des Koordinatensystems:

- K - bei kartesischen Koordinaten,
- Z - bei Zylinderkoordinaten,
- P - bei Polarkoordinaten.

EV: Ergebnis ist ein Vektorfeld.

ES: Ergebnis ist ein Skalarfeld.

ESV: Ergebnis stellt ein Vektor- oder ein Skalarfeld dar, je nachdem, ob SV ein Vektor- oder ein Skalarfeld bezeichnet.

FORMAC-Prozeduren zur Vektoranalysis

Gradient eines Skalarfeldes

```
     GRAD:PROC(F,X,Y,Z,TZ,GR);
        DCL TZ CHAR(1);
        DCL GR CHAR(8)VARYING;
        DCL(F,X,Y,Z)CHAR(8)VARYING;
        CET(F=F;X=X;Y=Y;Z=Z);
        IF TZ = 'K' THEN
           LET(G1=DERIV(F,X);
               G2=DERIV(F,Y);
               G3=DERIV(F,Z));
        IF TZ='Z' THEN
           LET(G1=DERIV(F,X);
               G2=DERIV(F,Y)*1/X;
               G3=DERIV(F,Z));
        IF TZ='P' THEN
           LET(G1=DERIV(F,X);
               G2=DERIV(F,Y)*1/(X*SIN(Z));
               G3=DERIV(F,Z)*1/X);
        RET(GR=(G1,G2,G3));
END GRAD;
```

Rotation eines Vektorfeldes

```
ROT:PROC(F,X,Y,Z,TZ,RO);
     DCL TZ CHAR(1);
     DCL RO CHAR(8)VARYING;
     DCL (F,X,Y,Z)CHAR(8)VARYING;
     CET(F=(F);X=X;Y=Y;Z=Z);
     IF TZ='K' THEN
       LET(R1=DERIV(3,F),Y)-DERIV(ARG(2,F),Z);
           R2=DERIV(ARG(1,F),Z)-DERIV(ARG(3,F),X);
           R3=DERIV(ARG(2,F),X)-DERIV(ARG(1,F);Y));
     IF TZ='Z' THEN
       LET(R1=DERIV(ARG(3,F),Y)*1/X-
              DERIV(ARG(2,F),Z);
           R2=DERIV(ARG(1,F),Z)-
              DERIV(ARG(3,F),X);
           R3=DERIV(ARG(2,F)*X,X)*1/X-
              DERIV(ARG(1,F),Y)*1/X);
     IF TZ='P' THEN
        LET(R1=(DERIV(ARG(2,F)*SIN(Z),Z)-
                DERIV(ARG(3,F),Y))*1/(X*SIN(Z));
            R2=DERIV(ARG(3,F)*X,X)*1/X-
               DERIV(ARG(1,F),Z)*1/X;
            R3=DERIV(ARG(1,F),Y)*1/(X*SIN(Z))-
               DERIV(ARG(2,F)*X,X)*1/X);
     RET(RO=(R1,R2,R3));
END ROT;
```

Divergenz eines Vektorfeldes

```
DIV:PROC(F,X,Y,Z,TZ,DI);
     DCL TZ CHAR(1);
     DCL DI CHAR(8)VARYING;
     DCL (F,X,Y,Z)CHAR(8)VARYING
     CET(F=(F);X=X;Y=Y;Z=Z);
     IF TZ='K' THEN
        LET(D1=DERIV(ARG(1,F),X)+
               DERIV(ARG(2,F),Y)+
               DERIV(ARG(3,F),Z));
     IF TZ='Z' THEN
        LET(D1=DERIV(ARG(1,F)*X,X)*1/X+
               DERIV(ARG(2,F),Y)*1/X+
               DERIV(ARG(3,F),Z));
     IF TZ='P' THEN
```

```
        LET(D1=DERIV(ARG(1,F)*X**2,X)*1/X**2+
               DERIV(ARG(2,F),Y)*1/(X*SIN(Z))+
               DERIV(ARG(3,F)*SIN(Z),Z)*1/(X*SIN(Z)));
    RET(DI=D1);
    ATOMIZE(D1);
END DIV;
```

<u>Laplaceoperator eines Skalar- bzw. Vektorfeldes</u>

```
LAP:PROC(F,X,Y,Z,TZ,ER);
    DCL TZ CHAR(1)
    DCL(F,X,Y,Z,ER)CHAR(8)VARYING;
    CET(F=(F);X=X;Y=Y;Z=Z);

/* KARTESISCHE KOORDINATEN:*/
KA:PROC(E1,EK);
   DCL(E1,EK) CHAR(8)VARYING;
   CET(E1=E1);
   LET(EK=DERIV(E1,X,2)+DERIV(E1,Y,2)+
          DERIV(E1,Z,2));
   RET(EK=EK);
END KA;

/* ZYLINDERKOORDINATEN:*/
ZA:PROC(E1,EZ);
   DCL(E1,EZ)CHAR(8)VARYING;
   CET(E1=E1);
   LET(EZ=DERIV(DERIV(E1,X,1)*X,1)*1/X+
          DERIV(E1,Y,2)*1/X**2+DERIV(E1,Z,2));
   RET(EZ=EZ);
END ZA;

/* KUGELKOORDINATEN: */
PA:PROC(E1,EP);
   DCL(E1,EP)CHAR(8)VARYING;
   CET(E1=E1);
   LET(EP=DERIV(E1,X,2)+
          DERIV(E1,X,1)*2/X+
          DERIV(E1,Z,2)*1/X**2+
          DERIV(E1,Z,1)*1/X**2*COS(Z)/SIN(Z));
   RET(EP=EP);
END PA;
I=INDEX(F,'CHAIN');IF I=0 THEN DO;
```

```
/* SKALARFELD*/
   IF TZ='K' THEN
      CALL KA('F','ER');
   IF TZ='Z' THEN
      CALL ZA('F','ER');
   IF TZ='P' THEN
      CALL PA('F','ER');
END;
      ELSE DO;

/* VEKTORFELD*/
IF TZ='K' THEN DO;
   LET(L1=ARG(1,F));
   CALL KA('L1','L2');
   LET(ER=(L2);L1=ARG(2,F));
   CALL KA('L1','L2');
   LET(ER=(ER,L2);L1=ARG(3,F));
   CALL KA('L1','L2');
   LET(ER=(ER,L2));
END;
   IF TZ='Z' THEN DO;
      LET(L1=ARG(1,F));
      CALL ZA('L1','L2');
      LET(ER=(L2);L1=ARG(2,F));
      CALL ZA('L1','L2');
      LET(ER=(ER,L2);L1=ARG(3,F));
      CALL ZA('L1','L2');
      LET(ER=(ER,L2));
END;
   IF TZ='P' THEN DO;
      LET(L1=ARG(1,F));
      CALL PA('L1','L2');
      LET(ER=(L2);L1=ARG(2,F));
      CALL PA('L1','L2');
      LET(ER=(ER,L2);L1=ARG(3,F));
      CALL PA('L1','L2');
      LET(ER=(ER,L2));
   END;
 END;
 RET(ER=(ER));
END LAP;
```

4.6. Approximation von Funktionen

In diesem Abschnitt betrachten wir die Aufgabe der Approximation einer Funktion, genauer der Minimierung des Abbruchfehlers bei der Approximation durch Potenzreihen.
Für eine Funktion f sei über dem Intervall $[a,b]$ eine Approximation in Form einer Potenzreihe

$$f(x)=P_n(x)+R_n(x),$$
$$P_n(x)=a_n x^n+a_{n-1}x^{n-1}+\ldots a_0 \qquad (59)$$

gegeben.
Wir wollen dabei noch annehmen, daß nicht das Restglied $R_n(x)$ explizit vorliegt, sondern der maximale Fehler ε_n.
Es ist also $|f(x)-P_n(x)| < \varepsilon_n \qquad \forall x \in [a,b]$.
Wir suchen nun ein Polynom $P(x)$, das an Stelle von $P_n(x)$ eine möglichst geringe Verschlechterung der Approximationsgüte verursacht. Es soll $P(x)$ so konstruiert werden, daß die maximale Abweichung von $f(x)$ in $[a,b]$ nicht größer wird als eine weitere gegebene Fehlerschranke ε also $\qquad |f(x)-P(x)| < \varepsilon \qquad \forall x \in [a,b]$.
Wir nehmen zunächst der Einfachheit halber an, daß $[a,b]=[-1,1]$, lassen diese Einschränkung später aber wieder fallen.
Es ergibt sich somit die Aufgabe, $P_n(x)$ durch ein Polynom maximal (n-1)-ten Grades bestmöglich gleichmäßig zu approximieren.
Wir verwenden dazu Tschebyscheff-Polynome $T_i(x)$ mit

$$T_i(x)=2x\cdot T_{i-1}(x)-T_{i-2}(x),$$
$$T_0(x)=1, \; T_1(x)=x. \qquad (60)$$

Bekanntermaßen stellt $Q_n(x)=1/2^{n-1}\cdot T_n(x)$ eine Bestapproximation für x^n dar.
Wir stellen zunächst $P_n(x)$ als

$$P_n(x)=b+b_1x+\ldots+b_{n-1}x^{n-1}+c_nT_n(x) \qquad (61)$$

dar.
Mit $T_1(x)=\sum_{j=0}^{n} d_{nj}x^j$, $d_{nn}=2$, folgt aus (59) und (61) sofort

$$c_n=a_n/2^{n-1}, \; b_i=a_i-c_n\, d_{ni}, \; i=0(1)n-1.$$

Da $Q_n(x)$ Bestapproximation von x^n ist, leistet das Polynom

$$P(x)=b_0+b_1x+\ldots+b_{n-1}x^{n-1}$$

das Gewünschte, ist also Bestapproximation von P_n.
Wegen $P_n(x)-P(x)=c_n\cdot T_n(x)$ und da für Tschebyscheff-Polynome $T_k(x)$ allgemein gilt $|T_k(x)| \leq 1 \qquad \forall x \in [-1,1]$,
ist der maximale Fehler bei der Ersetzung von P_n durch P nicht größer als c_n:

$$|\max P_n(x)-P(x)| \leq |c\;|,$$
$$x \in [-1,1].$$

Für den maximalen Gesamtfehler bzgl. $f(x)$ gilt dann

$$\max|f(x)-P(x)| \leq |c_n|+\varepsilon_n=\Delta_{n-1}.$$

Falls $\Delta_{n-1}\leq\varepsilon$, so haben wir mit $P(x)$ eine Approximation gefunden, die unseren Forderungen entspricht.

Wir können nun in $P(x)$ den erläuterten Schritt erneut gehen, also x^{n-1} durch $T_{n-1}(x)/2^{n-2}$ approximieren usw. Dies läßt sich fortsetzen, solange der entstehende Fehler das gegebene ε nicht übersteigt.

Die konsequente Fortsetzung dieses Prozesses, d.h. die Approximation aller x^i in $P_n(x)$ durch $Q_i=1/2^{i-1}\cdot T_i(x)$ führt schließlich auf eine Umordnung von $P_n(x)$ nach Potenzen von $T_i(x)$ der Form

$$P_n(x)=c_nT_n(x)+c_{n-1}T_{n-1}(x)+\ldots+c_1\,T_1(x)+c_0\,T_0(x)\,. \tag{62}$$

Diese Darstellung hat mehrere Vorteile:

- Sie läßt sich relativ einfach gewinnen, indem jede Potenz x^j dargestellt wird in Termen von $T_0, T_1,\ldots,T_j$, also

  $$x^j=\sum c_{ji}\cdot T_i. \tag{63}$$

  Diese Form läßt sich aus der Definitionsgleichung (60) erzeugen.
- Aus (60) lassen sich die nötigen Fehlerabschätzungen leicht gewinnen. Wegen $|T_i(x)|\leq 1$ sind dafür nur die Koeffizienten c_i verantwortlich.

  Es können also aus (62) so lange 'höhere Glieder' weggelassen werden, wie dies mit der Genauigkeitsforderung ε verträglich ist.

Wir können nun die Beschränkung auf das Intervall $[-1,1]$ wieder fallenlassen und das ursprüngliche Intervall $[a,b]$ betrachten, indem wir mit

$$z=(2x-b-a)/(b-a) \quad \text{und}$$

bei Verwendung von $T_i(z)=2z\cdot T_{i-1}(z)-T_{i-2}(z)$ eine Transformation durchführen.

Aus dem bisher Erläuterten läßt sich nun zunächst folgende Grobbeschreibung des Algorithmus angeben:

1) Bilde $z=(2x-b-a)/(b-a)$.
2) Drücke $x,x^2,\ldots,x^n$ in Termen von $T_1(z),\ldots,T_n(z)$ aus.
3) Ersetze x^i in $P_n(x)$ durch T_i, erzeuge eine Darstellung der Form $P=c_nT_n+\ldots+c_1T_1+c_0T_0$.
4) Spalte den höchsten Koeffizienten c_n in P_n ab.
5) Wenn der durch den höchsten Koeffizienten von P (bzgl. T_n) erzeugte Fehler nicht größer ist als ε, dann spalte den höchsten Term von P ab, wiederhole Schritt 4) und 5) mit dem reduzierten P.
6) Ersetze in P die Tschebyscheff-Polynome wieder durch Potenzen von x (Rücksubstitution).

Diese 6 Schritte sind eigentlich recht problemlos, wir wollen lediglich beim Schritt 2) noch ein wenig verweilen. Es geht uns also darum, die x^i in Termen der Tschebyscheff-Polynome $T_0,T_1,\ldots,T_i$ auszudrükken. Betrachten wir hierzu die Polynome

$$T_0=1,\; T_1=x,\; T_2=2x^2-1,\; T_3=4x^3-3x\;. \tag{64}$$

Es gilt also sofort

$x=T_1$. Aus den nächsten Beziehungen in (60) folgt

$$x^2= \quad T_2/2 + 1/2 \ ,$$
$$x^3= \quad (T_3+3x)/4 = \quad T_3/4 + 3T_1/4 \ .$$

Um die notwendigen Schritte ausführen zu können, führen wir 'formale' Tschebyscheff-Polynome $\overline{T}$ ein (im Sinne von atomaren Größen von FORMAC) und können wie folgt verfahren:

Wir definieren

$$\overline{T}_i=2z\cdot\overline{T}_{i-1}-\overline{T}_{i-2}, \text{ wobei}$$

$$\overline{T}_i= \sum d_{ij}x^j \quad \text{und} \quad d_{ii}=2^{i-1}.$$

Ferner verwenden wir vorübergehend zur Darstellung der Potenzen x^i indizierte Variable x_i, wir identifizieren x_i mit x^i und können dann schreiben

$$x_i=(\overline{T}_i-T_i+d_{ii}x^i)/d_{ii}. \qquad (65)$$

Dieser 'Trick' macht sich notwendig, weil T_i (bzw. $\overline{T}_i$) in der Darstellung für x^i (bzw. vorübergehend x_i) als formale Größe stehenbleiben muß. Wir erhalten somit eine Darstellung der x_i in Termen der T_i. Dabei können abschließend die x_i wieder durch x^i ersetzt werden.

<u>Algorithmus APPROX</u>

Eingabe: $P_n(x)$, ε_n, a, b, ε,
wobei $P_n(x)$ Polynomapproximation einer Funktion f(x) in [a,b] ist, so daß

$$|f(x)-P(x)| < \varepsilon_n \quad \forall x\in[a,b]$$

Ausgabe: P(x) - Polynom, dessen Grad kleiner ist als der von $P_n(x)$, wobei

$$|f(x)-P(x)| < \varepsilon$$

Algorithmus:

```
Schritt 1: n:=deg(Pn)
           {Transformation:}
            z:=(2x-b-a)/(b-a)
Schritt 2: T0:=1  T1:=z
            x0:=1
            x1:=(T̄1-coeff(x z,x))/coeff(z,x)
            for i:=2 to n do
                Ti:=2z·Ti-1-Ti-2
                c:=   coeff(Ti,x^i)
                xi:=(T̄i-Ti+c x^i)/c
                for j:=i-1 to 1 step -1 do
                    x:=eval(xi,x^j,xj)
                end
            end
```

```
Schritt 3: for i:=n to 1 step -1 do
               P:=eval(P_n,x^i,x_i)
           end
Schritt 4:   Ermitteln von P(x):
           P_Fehler:= ε
           for i:=n to 1 step -1 do
                c:=coeff (P_n,T_i)
                fehler:=P_fehler +  c
                if fehler ≤ ε
                  then do
                     P_fehler:=fehler
                     P_n:=P_n-c·T̄_i
                  end
                  else goto Abschluß
           end
Abschluß:  for j:=1 to i do
                P_n:=eval(P_n,T̄_i,T_i)
           end
           P:=P_n
```

FORMAC-Programm

```
APPROX: PROC OPTIONS(MAIN);
   FORMAC_OPTIONS;
   DCL(PN,A,B) CHAR(200);
   GET LIST(PN,A,B,EPSN,EPS);
   CET(PN=PN;A=A;B=B);
   LET(N=HIGHPOW(PN,X));
   N=INTEGER(N);
   LET(Z=(2*X-A-B)/(B-A);
       T(0)=1; T(1)=Z;
       X(0)=1;
       X(1)=(TQ(1)-COEFF(X*Z,X))/COEFF(Z,X));
   DO I=2 TO N; FIXEDA(I=I);
     LET(T(I)=2*Z*T(I-1)-T(I-2);
         C=COEFF(T(I),X**I);
         X(I)=(TQ(I)-T(I)+C*X**I)/C);
     DO J=I-1 TO 1 BY-1; FIXEDA(J=J);
       LET(X(I)=REPLACE(X(I),X**J,X(J)));
     END;
   END;
   DO I=N TO 1 BY-1; FIXEDA(I=I);
     LET(PN=REPLACE(PN,X**I,X(I)));
   END;
   P_FEHLER=EPSN;
```

```
   DO I=N TO 1 BY-1; FIXEDA(I=I);
       LET(C=COEFF(PN,TQ(I)));
       FEHLER=P_FEHLER+ABS(ARITH(C));
       IF FEHLER   =EPS;
         THEN DO; P_FEHLER=FEHLER;
                 LET(PN=PN-C*TQ(I));
         END;
         ELSE GOTO ABSCHL;
   END;
ABSCHL: DO J=1 TO I; FIXEDA(J=J);
          LET(PN=REPLACE(PN,TQ(I),T(I)));
        END;
        LET(P=PN);
        PRINT_OUT(P);
END APPROX;
```

5. Lösung spezieller Probleme

In diesem Abschnitt sollen drei unterschiedlich komplizierte physikalische Aufgabenstellungen betrachtet werden. Es handelt sich hierbei um FORMAC-Adaptionen von Problemstellungen und Programmen, die von Barton/Fitch in /2/ beschrieben sind.
Wir werden neben einigen prinzipiellen Bemerkungen zur Aufgabe und zum Lösungsweg dabei sofort entsprechende FORMAC-Programme angeben und auf Algorithmendarstellungen verzichten.

5.1. Keplergleichung

Gesucht ist eine Lösung E=E(u,e) der impliziten Gleichung

$$E = u + e \sin E \ .$$

Dabei ist e eine kleine Größe, typischerweise die Exzentrizität einer elliptischen Bahnkurve.
Für diese Aufgabe bieten sich zwei Lösungsvarianten an.

1. Variante

Das Keplerproblem ist für eine Lösung in Termen der Besselfunktionen geeignet. Die Lösung kann in folgender Form dargestellt werden:

$$E = u + 2 \cdot \sum_{n} J_n \cdot (n \cdot e) \ \sin(n \cdot u)/n$$

mit den Besselfunktionen:

$$J_n = \sum_{i} (-1)^i / (i! \, \Gamma(n+i+1)) \cdot (x/2)^{n+2i} .$$

Dann gilt: $\Gamma(n+i+1) = (n+i)!$.
Substitution: x:=n e führt zu

$$J_n = \sum_{i=0}^{\infty} (-1)^i / (i! \cdot (n+i)!) \cdot (n \cdot e/2)^{n+2i} .$$

Als m-te Näherung E_m für E soll gelten:

$$E_m = u + \sum_{n=1}^{m} 2 \cdot J_n\,(n \cdot e) \cdot \sin(n \cdot u)/n\ ,$$
$$\lim_{n\to\infty} E_m = E\ .$$

Da e die kleine Größe ist, nach der entwickelt wird, darf in m-ter Näherung der Exponent von e niemals größer als m werden. Für jedes nun gewählte m müssen deshalb die Besselfunktionen J(en) erneut bis zur m-ten Ordnung in e für alle n < m berechnet werden.

FORMAC-Programm

```
KEP1: PROC OPTIONS(MAIN);
      FORMAC_OPTIONS;
      DCL(M,N,I) BIN FIXED;
      LET(E(0)=U);
      DO M=1 TO 8;FIXEDA(M=M);
          DO N=1 TO M;FIXEDA(N=N);
              I=0;LET(J=0);
              OPTSET(EXPND);
              DO WHILE((N+2*I)<=M);FIXEDA(I=I);
               LET(J=J+(-1)**I/(FAC(I)*FAC(N+I))*(N*E/2)**(N+2*I));
                I=I+1;
              END;
              OPTSET(NOEXPND);
              LET(E(N)=E(N-1)+2/N*J*SIN(N*U));
         END;
         PRINT_OUT(E(M));
      END;
END KEP1;
```

2. Variante

Die Keplergleichung E = u+e sinE läßt sich durch wiederholte Approximation lösen:

E = u ist Lösung nullter Ordnung in e. Sei allgemein $E = u+A_k$ eine bis zur k-ten Ordnung in e exakte Lösung. Dann folgt sofort

$$A_{k+1} = e \cdot \sin(u+A_k).$$

Somit kann ein Approximationsalgorithmus durch

$$E = u + \lim_{n\to\infty} A_n \quad \text{mit } A_0 = 0$$

definiert werden.

Die rekursive Form dieser Gleichung liefert eine Ineinanderschachtelung von Sinusfunktionen. Um die Form der Darstellung zu verbessern, sind noch einige Umformungen notwendig:

$$A_{k+1} = e(\sin u \cdot \cos A_k + \cos u \cdot \sin A_k).$$

Taylorentwicklung $\cos A_k = 1 - A_k^2/2! + A_k^4/4! - \ldots,$

$$\sin A_k = A_k - A_k^3/3! + A_k^5/5! + \ldots$$

führt somit zu

$$A_{k+1} = e(\sin(u)(1-A_k^2/2!+A_k^4/4! - \ldots) + \cos(u)(A_k - A_k^3/3! + A_k^5/5! + \ldots)).$$

In dieser Gleichung darf e nur in Potenzen bis e^{k+1} auftreten. Beim Einsetzen von $A_k = A_k(u,e,e^2,\ldots,e^k)$ können auch Potenzen von e auftreten, deren Exponent größer als k+1 ist. Diese sind durch Null zu ersetzen.

Um eine einfache Darstellung von A_k zu gewährleisten, ist es notwendig, die auftretenden Produkte und Potenzen der Winkelfunktionen mit Hilfe der folgenden Beziehungen zu linearisieren:

$$\sin u \cdot \sin v = (\cos(u-v)-\cos(u+v))/2 ,$$
$$\cos u \cdot \cos v = (\cos(u+v)+\cos(u-v))/2 ,$$
$$\cos u \cdot \sin v = (\sin(u+v)-\sin(u-v))/2 ,$$
$$\sin^2 u = (1-\cos(2u))/2 ,$$
$$\cos^2 u = (1+\cos(2u))/2 .$$

FORMAC-Programm KEP2:

```
KEP2: PROC OPTIONS(MAIN);
      FORMAC_OPTIONS;
      DCL (K,I) BIN FIXED;
      LET(A(0)=0);
      DO K=0 TO 6;FIXEDA(K=K);
        OPTSET(EXPND);
        LET(A(K+1)=E*(SIN(U)*(1-A(K)**2/2+A(K)**4/24)+
                 COS(U)*(A(K)-A(K)**3/6+A(K)**5/120)));
        DO I=0 TO 4*K;FIXEDA(I=I);
          LET(A(K+1)=REPLACE(A(K+1),E**(K+2+I),0));
        END;
        OPTSET(NOEXPND);
        DO I=0 TO K;FIXEDA(I=I);
          LET(A(K+1)=REPLACE(A(K+1),
                    COS(I*U)**6,COS(I*U)**2*COS(I*U)**2*COS(I*U)**2,
                    COS(I*U)**5,COS(I*U)**2*COS(I*U)**2*COS(I*U),
                    COS(I*U)**4,COS(I*U)**2*COS(I*U)**2,
                    COS(I*U)**3,COS(I*U)**2*COS(I*U),
                    SIN(I*U)**6,SIN(I*U)**2*SIN(I*U)**2*SIN(I*U)**2,
                    SIN(I*U)**5,SIN(I*U)**2*SIN(I*U)**2*SIN(I*U),
                    SIN(I*U)**4,SIN(I*U)**2*SIN(I*U)**2,
                    SIN(I*U)**3,SIN(I*U)**2*SIN(I*U)));
```

```
            LET(A(K+1)=REPLACE(A(K+1),
                       COS(I*U)**2,(1+COS(2*I*U))/2,
                       SIN(I*U)**2,(1-COS(2*I*U))/2));
          END;
          DO I=1 TO 2*K;FIXEDA(I=I);
            LET(A(K+1)=REPLACE(A(K+1),
                       SIN(U)*COS(I*U),(SIN(U+I*U)-SIN(I*U-U))/2,
                       COS(U)*SIN(I*U),(SIN(U+I*U)+SIN(I*U-U))/2,
                       SIN(U)*SIN(I*U),(COS(U-I*U)-COS(U+I*U))/2,
                       COS(U)*COS(I*U),(COS(U+I*U)+COS(U-I*U))/2));
          END;
          OPTSET(EXPND);
          PRINT_OUT(A(K+1));
        END;
END KEP2;
```

5.2. Hill-Gleichung

Die Hill-Gleichung beschreibt die näherungsweise Lösung des Dreikörperproblems für den Fall, daß sich die drei Körper in einer Ebene bewegen. Gesucht ist eine periodische Lösung der Gleichung

$$\ddot{\rho}(t) + \theta(t)\cdot\rho(t) = 0 \qquad (66)$$

durch wiederholte Approximation.

Wir nehmen an, daß

$$\theta = \theta_0 + \sum_{n=1}^{\infty} \theta_n\cdot\cos(2nt) \qquad \text{mit} \quad \theta_0 = 1+2m+O(m^2),$$

wobei m eine kleine Größe ist, und zwar das Verhältnis der mittleren Bewegung von Sonne und Mond.

Gesucht ist eine Lösung in der Form

$$\rho = \sum A_k\cdot\cos(2kt+c\ t+\ ) \qquad \text{mit beliebigen Konstanten}$$

A_0 und sowie einem Parameter c (Eigenwert des Problems).

Bezüglich der Potenzen von m gilt:

Ordnung 0 in m:

$\ddot{\rho} + \rho = 0$ hat die bekannte Lösung

$\rho_0(t) = A_0\cdot\cos(c_0 t + \xi)$ mit $c_0 = 1$.

Es mögen nun ρ_k und c_k die ursprüngliche Gleichung bis zur Ordnung k in m erfüllen. Dann ist

$$\rho_{k+1} = \rho_k + \varepsilon,$$
$$c_{k+1} = c_k + \eta.$$

Mit u = t und v = ct + ξ

erhält Gleichung (66) die Form

$$\varepsilon_{uu} + 2\cdot\varepsilon_{uv} + \varepsilon_{vv} + \varepsilon = 2\eta\cdot\cos v - Y_{k+1} . \qquad (67)$$

Dabei ist $Y_{k+1} = [p_{k,uu} + 2c_k p_{k,uv} + c_k^2 p_{h,vv} + p_k\theta]_{k+1}$, (68)

und $\varepsilon_{uv} = \frac{\delta^2 \varepsilon}{\delta u \delta v}$

Das k+1 an der eckigen Klammer in Gleichung (68) zeigt an, daß Terme, deren Ordnung höher als k+1 in m ist, wegzulassen sind.

Aus (67) folgt

$$Y_{k+1} = \sum_n B_n \cos(2nu+v) ,$$

wobei die B_n durch p_k und c_k definiert sind.

Die Lösung der Gleichung (67) ist dann

$$\varepsilon = \sum \frac{B_n \cos(2nu+v)}{4n(n+1)}$$

In der Summation müssen die Resonanzterme bei n=0 und n=-1 ausgeschlossen werden.

Der Term für n=0 darf weggelassen werden, wenn man $2\eta = B_0/A_0$ setzt. Das liefert die Korrektur des Eigenwertes c. Der verbleibende Resonanzterm kann fortgelassen werden, indem zu p_k eine komplementäre Funktion A cos(2u-v) addiert wird. Dieser Term der Ordnung k in m beeinflußt die Lösung nicht in k-ter Ordnung, liefert aber zu Y_{k+1} einen Beitrag von 4 m A cos(2u-v). Durch die Wahl $A = B_{-1}/4m$ ist gesichert, daß der Resonanzterm eliminiert ist.

Es ergibt sich folgender Algorithmus zur Lösung der Hill-Gleichung:

$$p_0 = A_0 \cos v \qquad \text{mit } c_0 = 1 ,$$

$$p_{k+1} = p_k + \sum (B_n \cos(2nuv))/(4n(n+1)) - B_{-1}\cos(2u-v)/4 ,$$

$$c_{k+1} = c_k + \frac{1}{2} B_0/A_0 .$$

Die Summation schließt die Fälle für n=0 und n=-1 aus. Der Algorithmus liefert nur dann die richtigen Ergebnisse der Ordnung k in m, wenn auch teilweise Terme der Ordnung k+1 definiert werden.

FORMAC-Programm

```
HILL:PROC OPTIONS(MAIN);
     FORMAC_OPTIONS;        DCL(K,I,J,N)BIN FIXED;
     OPTSET(EXPND);
     LET(C=1;P=A*COS(V));
     LET(THETA=1+2*M**2*COS(2*U)+M**4*COS(4*U)+M**6*COS(6*U));
     DO K=0 TO 5;FIXEDA(K=K);
       LET(Y=DERIV(P,U,2)+2*C*DERIV(P,U,1,V,1)+C**2*DERIV(P,V,2)+
             P*THETA);
       DO I=0 TO 2*K+4;FIXEDA(I=I);
         LET(Y=REPLACE(Y,M**(K+2+I),0));
       END;
       DO I=2 TO 6 BY 2;FIXEDA(I=I);
```

```
        DO J=0 TO K+1;FIXEDA(J=J);
          LET(Y=REPLACE(Y,COS(J*U+V)*COS(I*U),
                (COS(J*U+V+I*U)+COS(J*U+V-I*U))/2,
                COS(J*U-V)*COS(I*U),
                (COS(J*U-V+I*U)+COS(J*U-V-I*U))/2));
        END;
      END;
      DO N=-(K+1) TO K+1;FIXEDA(N=N);
        LET(B(N)=COEFF(Y,COS(2*N*U+V)));
      END;
      LET(C=C+B(0)/(2*A));
      LET(P=P-B(-1)*COS(2*U-V)/(4*M));
      DO N=-(K+1) TO -2,1 TO K+1; FIXEDA(N=N);
        LET(P=P+B(N)*COS(2*N*U+V)/(4*N*(N+1)));
      END;
      PUT SKIP(3) LIST(K+1,'-TE NAEHERUNG');
      PUT SKIP(2);
      PRINT_OUT(P);
      PUT SKIP LIST('MIT DEM EIGENWERT');
      PUT SKIP;
      PRINT_OUT(C);
    END;
END HILL;
```

5.3. Berechnung des Einsteintensors

Die Einsteinschen Feldgleichungen bilden eines der bedeutendsten Gleichungssysteme in der Theoretischen Physik. Diese Gleichungen stellen eine Beziehung zwischen der Geometrie der Raumzeit und der Verteilung der Masse (bzw. Energie) her. Für die meisten Anwendungen der allgemeinen Relationstheorie sind ihre Lösungen schwierig oder gar nicht mehr berechenbar; dennoch ist die analytische Lösung der Einsteingleichungen in speziellen Fällen manuell möglich. Die automatische Lösung solcher Gleichungen ist deshalb von besonderem Interesse. Nachfolgend geben wir eine auf Payne /16/ zurückgehende Version zur Lösung des Problems an.

In den folgenden Gleichungen wird die Summenkonvention vorausgesetzt, d.h., ein zweifacher Index in einem Term bedeutet eine Summation dieser Terme über alle Werte von 1 bis 4 des Index.

Die Geometrie der Raumzeit ist durch das Linienelement charakterisiert:

$$ds^2 = g_{uv} dx^u dx^v, \qquad u,v = 1,2,3,4 ,$$

wobei g_{uv} der kovariante Metriktensor ist. Falls die Raumzeit orthogonal ist, gilt

$$g_{uv} = 0 \quad \text{für } u \neq v .$$

Es wird vorausgesetzt, daß die Metrikkomponenten in ihren Indizes symmetrisch sind. Die kontravariante Form des Metriktensors ist dann

$$g^{uv} = (\text{Kofaktor von } g_{uv} \text{ in } g)/g ,$$

wobei g die Determinante des Metriktensors ist. Ein wichtiger symmetrischer Tensor vom Rang 2, welcher die 1. und 2. partiellen Ableitungen des Metriktensors enthält, ist der Ricci-Tensor.
In kovarianter Form ist er definiert durch

$$R_{\alpha\beta} = \frac{\partial \Gamma^{\sigma}_{\alpha\sigma}}{\partial x^{\beta}} - \frac{\partial \Gamma^{\sigma}_{\alpha\beta}}{\partial x^{\sigma}} + \Gamma^{\tau}_{\alpha\sigma}\Gamma^{\sigma}_{\beta\tau} - \Gamma^{\tau}_{\alpha\beta}\Gamma^{\sigma}_{\tau\sigma} ,$$

wobei $\Gamma^{\sigma}_{\alpha\beta} = \frac{1}{2} g^{\sigma\beta}\left(\frac{\partial g_{\alpha\beta}}{\partial x^{\beta}} + \frac{\partial g_{\beta\sigma}}{\partial x^{\alpha}} - \frac{\partial g_{\alpha\beta}}{\partial x^{\sigma}}\right)$

das Christoffelsymbol 2. Art ist. Die Symbole sind symmetrisch unter Berücksichtigung der zwei zusammengeschriebenen Indizes.
Der Ricci-Tensor kann auch berechnet werden durch

$$R_{\alpha\beta} = \frac{\partial^2 \log g^{\frac{1}{2}}}{\partial x^{\alpha}\partial x^{\beta}} - \frac{\partial \Gamma^{\sigma}_{\alpha\beta}}{\partial x^{\sigma}} + \Gamma^{\tau}_{\alpha\beta}\Gamma^{\sigma}_{\beta\tau} - \frac{\partial \log g^{\frac{1}{2}}}{\partial x^{\sigma}}\Gamma^{\sigma}_{\alpha\beta} .$$

Die kontravariante Form des Ricci-Tensors liefert eine zweifache Kontraktion:

$$R^{uv} = g^{u\alpha} \; g^{v\beta} \; R_{\alpha\beta} .$$

Die Krümmungskonstante ist gegeben durch

$$R = g^{\alpha\beta} R_{\beta\alpha} .$$

Die Feldgleichungen können in der Form

$$\chi T^{uv} = G^{uv} = R^{uv} - \frac{1}{2} g^{uv}(R - 2\Lambda)$$

geschrieben werden.
Dabei bedeuten

G^{uv}: Einstein-Tensor,

χ, Λ : Konstanten,

T^{uv}: Masse (Energie)-Tensor
(hängt ab von der Metrik und den physikalischen Eigenschaften der Raumregion).

<u>FORMAC-Programm</u>

```
EINSTEIN: PROC OPTIONS(MAIN);
          FORMAC_OPTIONS; OPTSET(EXPND);
          DCL(II,SIG,ALPHA,BETA,RHO,TAU) BIN FIXED;
          DCL(GCOV)CHAR(80)VAR;DCL COORD CHAR(8)VAR;
          PUT SKIP(3) LIST('KOVARIANTE KOMPONENTEN DES METRIK-TENSORS');
          PUT SKIP(2);
          DO I=1 TO 4; FIXEDA(I=I);
            DO J=1 TO I; FIXEDA(I=I); GET LIST(GCOV);
               CET(GCOV(I,J)=GCOV);
               PRINT_OUT(GCOV(J,I)=GCOV(I,J));
            END;
          END;
          DO SIG=1 TO 4; FIXEDA(SIG=SIG);
            DO RHO=SIG TO 4; FIXEDA(RHO=RHO);
              DO I=1 TO 3; FIXEDA(I=I);
                IF I  =SIG THEN II=I+1; ELSE II=I; FIXEDA(II=II);
                DO J=1 TO 3; FIXEDA(J=J);
                  IF J   =RHO THEN LET(A(I,J)=GCOV(II,J+1));
                END;
              END;
              CALL DET;
            END;
           END;
           PUT LIST('DETERMINANTE DES METRIK-TENSORS') SKIP(3);
           PUT SKIP;PRINT_OUT(DG=GCOV(1,1)*B(1,1)-GCOV(1,2)*B(1,2)
                                 +GCOV(1,3)*B(1,3)-GCOV(1,4)*B(1,4));
           DO SIG=1 TO 4; FIXEDA(SIG=SIG);
             DO RHO=1 TO SIG; FIXEDA(RHO=RHO);
               LET(SIGN=(-1)**(SIG+RHO));
               PRINT_OUT(GCON(SIG,RHO)=SIGN*B(RHO,SIG)/DG);
               LET(GCON(RHO,SIG)=GCON(SIG,RHO); END;
           END;
           DO I=1 TO 4;FIXEDA(I=I);
             GET LIST(COORD); CET(X(I)=COORD);END;
           DO I=1 TO 4;FIXEDA(I=I);
             DO J=1 TO I; FIXEDA(J=J);
               DO K=1 TO 4; FIXEDA(K=K);
                 LET(GD(I,J,K)=DERIV(GCOV(I,J),X(K));
                     GD(J,I,K)=GD(I,J,K));
               END;
             END;
           END;
           PUT LIST('CHRISTOFFEL-SYMBOLE 2.ART');PUT SKIP(2);
```

```
DO SIG=1 TO 4; FIXEDA(SIG=SIG);
  DO ALPHA=1 TO 4; FIXEDA(ALPHA=ALPHA);
    DO BETA=1 TO ALPHA; FIXEDA(BETA=BETA);
      LET(GAMMA(SIG,ALPHA,BETA)=0);
      DO RHO=1 TO 4; FIXEDA(RHO=RHO);
        LET(GAMMA(SIG,ALPHA,BETA)=1/2*GCON(SIG,RHO)*
            (GD(ALPHA,RHO,BETA)+GD(BETA,RHO,ALPHA)
            -GD(ALPHA,BETA,RHO)+GAMMA(SIG,ALPHA,BETA)));
      END;
      PRINT_OUT(GAMMA(SIG,ALPHA,BETA));
    END;
  END;
END;
DO I=1 TO 4; FIXEDA(I=I);LET(DGD(I)=DERIV(DG,X(I)));END;
PUT SKIP LIST('KOVARIANTE KOMPONENTEN DES RICCI-TENSORS');
PUT SKIP(2);
LET(D=1/(2*DG**2); DG=1/(2*DG));
DO ALPHA=1 TO 4; FIXEDA(ALPHA=ALPHA);
  DO BETA=1 TO ALPHA; FIXEDA(BETA=BETA);
    LET(RCOV(ALPHA,BETA)=0);
    DO SIG=1 TO 4; FIXEDA(SIG=SIG);
      LET(RCOV(ALPHA,BETA)= -GAMMA(SIG,ALPHA,BETA)*DG*DGD(SIG)
      -DERIV(GAMMA(SIG,ALPHA,BETA),X(SIG))+RCOV(ALPHA,BETA));
      IF ALPHA < SIG THEN DO; I=SIG; J=ALPHA;END;
         ELSE DO;I=ALPHA; J=SIG; END;
      FIXEDA(I=I;J=J);
      DO TAU=1 TO 4; FIXEDA(TAU=TAU);
        IF BETA < TAU THEN LET(K=TAU; L=BETA);
          ELSE LET(K=BETA; L=TAU);
        LET(RCOV(ALPHA,BETA)=GAMMA(TAU,I,J)*GAMMA(SIG,K,L)+
            RCOV(ALPHA,BETA));
      END;
    END;
  END;
END;
PUT SKIP LIST('KRUEMMUNGSKONSTANTE');
LET(RINV=0);
DO ALPHA=1 TO 4; FIXEDA(ALPHA=ALPHA);
  LET(RINV=RINV+GCON(ALPHA,ALPHA)*RCOV(ALPHA,ALPHA));
  DO BETA=1 TO ALPHA-1; FIXEDA(BETA=BETA);
    LET(RINV=2*GCON(ALPHA,BETA)*RCOV(ALPHA,BETA)+RINV);
  END;
END;
PRINT_OUT(RINV);
```

```
        PUT LIST('KOVARIANTE KOMPONENTEN DES EINSTEIN-TENSORS');
        PUT SKIP(2);
        DO SIG=1 TO 4; FIXEDA(SIG=SIG);
          DO RHO=1 TO 4 SIG; FIXEDA(RHO=RHO);
            PRINT_OUT(G(SIG,RHO)=RCOV(SIG,RHO)
                                  -(1/2)*GCOV(SIG,RHO)*RINV);
          END;
        END;
DET: PROC;
     LET(B(SIG,RHO)=A(1,1)*(A(2,2)*A(3,3)-A(2,3)*A(3,2))
                   -A(1,2)*(A(2,1)*A(3,3)-A(2,3)*A(3,1))
                   +A(1,3)*(A(2,1)*A(3,2)-A(2,2)*A(3,1)));
     END DET;
END EINSTEIN;
```

Bemerkungen zum Programm:
Das FORMAC-Programm berechnet die Determinante und die kontravarianten Komponenten des Metriktensors, die Christoffelsymbole, den kovarianten Ricci-Tensor, die Krümmungskonstante und die kovarianten Komponenten des Einsteintensors.
Das Programm akzeptiert als Eingabeparameter die kovarianten Komponenten des Metriktensors zusammen mit den Variablennamen der Koordinaten. Diese Parameter werden als PL/1-Zeichenketten eingegeben und im Programm an FORMAC-Variable übergeben. Die einzugebenden Metrikkomponenten können entweder definierte oder auch unspezifizierte Funktionen der Koordinaten sein.
Die FORMAC-Option EXPND wendet Distributiv- und Multinomialgesetze an, wodurch die abgeleiteten Ausdrücke für die meisten bekannten Metriktypen vereinfacht werden. Jedoch kann es bei einigen Metriktypen besser sein, die Option NOEXPND zu verwenden.
Das Programm bestimmt die kovarianten Komponenten des Einsteintensors. Eine einfache Erweiterung des Programms (Multiplikation mit dem kontravarianten Metriktensor) würde die kontravarianten und gemischten Formen des Einsteintensors erzeugen. Der Term g wird nicht mit ausgedruckt, um die Lesbarkeit zu gewährleisten.

6. Vereinfachung

In diesem Abschnitt wollen wir uns nochmals mit der 'Vereinfachung' befassen und zunächst darunter verstehen, daß ein vorliegender symbolischer Ausdruck so umgeformt wird, daß er in gewissem Sinne 'einfacher' wird.

Es wird dann aber sofort klar, daß der Begriff 'Vereinfachung' in diesem umfassenden Sinne nicht korrekt ist, obwohl er in der Literatur verwendet wird. Es läßt sich nämlich derart allgemein gar nicht beschreiben, was 'einfach' bzw. 'einfacher' bedeutet. Ist z.B. der Ausdruck

$(x+1)^{100}$ einfacher als der gleiche Ausdruck in der Form

$x^{100}+ 100x^{99}+...+1$?

Die Entscheidung darüber hängt vom jeweiligen Zusammenhang ab, etwa davon, wie dieser Ausdruck weiter verwendet werden soll.

Oftmals wird man geneigt sein, den kürzeren Ausdruck als den einfacheren aufzufassen. Andererseits kann es auch sinnvoll sein, den Ausdruck als einfacher anzusehen, der bei der numerischen Auswertung die kürzesten Rechenzeiten ergibt. Wir haben bei der Aufgabe der Bestimmung von Interpolationspolynomen gesehen, daß es sehr wohl sinnvoll sein kann, ein Polynom in der Form $W=(x-x_0)\ (x-x_1)...(x-x_n)$ anzugeben, weil dann die Division von W durch die linearen Ausdrücke $x-x_i$ bedeutend weniger Aufwand erfordert als in der ausmultiplizierten Form. Das hier nur angedeutete Problem zeigt sich auch bei anderen Ausdrucksklassen: 'Vereinfachung' bedeutet letzten Endes nichts anderes als äquivalente Umformung, wobei das Ziel dieser Umformung abhängt von der konkreten Aufgabenstellung.

Streng genommen, ist die Bezeichnung 'Vereinfachung' nur gerechtfertigt für die automatische Vereinfachung, insbesondere die 0-1-Vereinfachung, da hierbei wirklich redundante Teilausdrücke beseitigt werden. Wir wollen trotz dieser berechtigten Einwände aber am Begriff 'Vereinfachung' festhalten, verstehen darunter also gezielte äquivalente Umformung von Ausdrücken. Dies bedeutet aber letztendlich nichts anderes als die Durchführung von Substitutionen: Ein Ausdruck bzw. Teilausdruck A_1 wird durch einen anderen zu ihm äquivalenten Ausdruck A_2 ersetzt.

Damit offenbarten sich einige grundsätzliche Aufgabenstellungen:
a) das Erkennen der Struktur eines Ausdrucks,
b) das Erkennen der Äquivalenz zweier Ausdrücke.
Die Aufgabenstellung b) ist dabei die kompliziertere, da sich dieses Problem aus theoretischer Sicht nur für sehr eingeschränkte Ausdrucksklassen entscheiden läßt.
Die in FORMAC dafür verfügbaren Mittel sind zwar recht bescheiden, gestatten aber dennoch für eine breite Palette von Anwendungsfällen eine derartige Entscheidung. Im wesentlichen handelt es sich dabei um die bereits erwähnte Funktion EXPAND und um die als logische Operatoren auffaßbaren Funktionen IDENT und EQUIV, wobei gilt:

EQUIV (A;B) hat die gleiche Wirkung

wie IDENT (EXPAND(A);EXPAND(B)),

wendet also automatisch die Funktion EXPAND an.
Zum vollen Verständnis der Wirkungen von IDENT und EQUIV sind gewisse Kenntnisse der internen Darstellung von Ausdrücken in FORMAC nötig. Dies gilt zum Teil auch für die mit a) bezeichnete Aufgabenstellung, also die Ausdrucksanalyse. Wir wollen hier solche Fragen einordnen wie
- Erkennen der allgemeinen Struktur eines Ausdrucks (Summe, Produkt, rationale Funktion, Potenz, Funktionsaufruf),
- Ermitteln der Anzahl der Operatoren und Operanden eines Ausdrucks,
- Ermitteln eines beliebigen Teilausdrucks.

Einige Sprachelemente von FORMAC hierfür haben wir bereits eingeführt und verwendet, etwa

NUM, DENOM, COEFF, HIGHPOW, LOWPOW,

wir können auch

MULT, DIST, EXPAND

hier mit einordnen. Diese Funktionen sind aber nur dann sinnvoll anwendbar, wenn bereits gewisse Informationen über die Struktur der betrachteten Ausdrücke vorliegen. Oftmals wird dies aber nicht der Fall sein.
Zur Ausdrucksanalyse stehen in FORMAC die Funktionen

LOP und NARGS

sowie die bereits eingeführte Funktion ARG zur Verfügung.

LOP(var), wobei var ein Name für eine FORMAC-Variable ist, erzeugt eine nichtnegative ganze PL/1-Zahl vom Typ BIN FIXED (31,0), die ein Code für den führenden Operator des Ausdrucks mit dem Namen var ist.
Die Kodierungstabelle für LOP ist nachfolgend angegeben.
Da LOP einen PL/1-Wert darstellt, kann LOP auch nur in PL/1-Anweisungen auftreten.

Kodierungstabelle für LOP

Code	Operator	Code	Operator
0	ERF	26	*
1	LN	31	**
2	LOG10	32	negative rationale Konstante
3	LOG2	33	negative lange Ganzzahl
4	SIN	34	negative Gleitkommakonstante
5	COS	35	negative kurze Ganzzahl
6	ATAN1	36	Null
7	ATAN2	37	positive rationale Konstante
8	SINH	38	positive lange Ganzzahl
9	COSH	39	positive Gleitkommakonstante
10	ATANH	40	positive kurze Ganzzahl
11	CHAIN	41	#P
12	DERIV	42	#E
15	COMB	43	#I
16	FAC	44	VAR (ein Atom in einem Ausdruck)
19	STEP	45	BVAR ($-Variable)
21	FNC	46	Atom: z.B. LOP(A), wobei A nirgendwo sonst definiert ist)
24	+		
25	-	99	undefinierter führender Operator

Beispiele:

1) LET(P=3*X**2+4*X+5;   Q=A*G.(A+B,C));
   LOPP=LOP(P); LOPQ=LOP(Q);
   ergibt LOPP:=24(Code für '+'), LOPQ:=26(Code für '*').
2) LET(X=A/B; Y=A-B); L1=LOP(X); L2=LOP(Y);
   ergibt L1:=26, L2:=24. Die interne Darstellung von A/B ist A*B**(-1), die von A-B ist A+(-B).

Wegen der automatischen Vereinfachung, die stets geschieht, ehe eine Routine aufgerufen wird, kann LOP nicht immer das vom Nutzer eingegebene Argument analysieren. Der Nutzer kann etwa schreiben L=LOP(X*X), aber die automatische Vereinfachung transformiert X*X in X^2, bevor LOP aufgerufen wird. Das Ergebnis ist mit L:=31 genauso, als hätte der Nutzer geschrieben L=LOP(X**2).

NARGS(var), wobei var ein FORMAC-Variablenname ist, erzeugt eine ganze PL/1-Konstante (BIN FIXED (31,0)), die die Anzahl der Argumente des führenden Operators des mit 'var' bezeichneten Ausdrucks angibt. NARGS kann nur in PL/1-Anweisungen benutzt werden.

Beispiel:
Mit P,Q wie im vorigen Beispiel liefert

```
NP=NARGS(P); NQ=NARGS(Q);
dann NP:=3, NQ:=2.
```

Man beachte, daß vor NARGS die automatische Vereinfachung läuft.

Zur Funktion ARG. Diese hat das Format ARG(n,e) und folgende Wirkung: n muß zu einer ganzen Zahl ausgewertet werden. Ist n=0, dann liefert ARG den Ausdruck e. Wenn n 0 ist und e wenigstens n Operanden hat, dann liefert ARG den n-ten Operanden von e. Sonst wird ARG gleich 0 gesetzt.
Beispiel:
Der folgende Programmabschnitt bestimmt das i-te Element des FORMAC-Feldes OP als den i-ten Operanden des führenden Operators von P, wobei P aus dem Beispiel 1 zur Routine LOP verwendet wird.

```
DO I=1 TO NARGS(P); FIXEDA(I=I);
LET(OP(I)=ARG(I,P));
END;
```

ergibt OP(1):=4X, OP(2):=3X, OP(3):=5 .
Dieses Verfahren kann nun auf jeden einzelnen Operanden angewandt werden, um die Teile jedes Operanden bezüglich seines führenden Operators zu bestimmen.
Durch fortgesetzte Anwendung dieses Verfahrens kann somit jeder beliebige Teilausdruck aus P herausgezogen und analysiert werden. Wie bereits oben bemerkt, kann das Argument vor Ausführung von ARG durch die automatische Vereinfachung transformiert worden sein.
Die sinnvolle Anwendung dieser Funktionen setzt eine gewisse Kenntnis der internen Darstellung in FORMAC voraus; dies wurde auch in den Beispielen sichtbar. Wir werden daher kurz auf diese Darstellung eingehen. Es gilt prinzipiell, daß FORMAC-Ausdrücke intern in Präfixnotation dargestellt werden. So wird etwa

```
P=AX + BX + C  zu  +(*(A**(X,2))*(B,X),C).
```

Wir können sagen, daß dieser Ausdruck dargestellt wird durch eine Kette, die durch einen führenden Operator "verwaltet" wird. Dabei gilt dies rekursiv für die im Ausdruck enthaltenen Teilausdrücke.
Sei etwa noch Q=A*G.(A,B+C); wir erhalten die Darstellung

```
*(A,FNC(A,+B C).
```

In den obigen Beispielen ist der führende Operator (der Operator auf der höchsten Stufe des Ausdrucks) von P '+' und der von Q '*'. Der führende Operator von P hat drei Argumente, nämlich AX, BX^2 und C in dieser Reihenfolge; der führende Operator von Q hat zwei Argumente, nämlich A und G.(A,B+C) in dieser Reihenfolge. Man beachte, daß die Reihenfolge der Argumente bei kommutativen Operationen, wie + und *, von der lexikografischen Ordnung bestimmt wird und nicht vom Nutzer bestimmt werden kann. Insbesondere wird die interne Reihenfolge nicht durch die Reihen-

folge bestimmt, in der der Ausdruck aufgeschrieben wurde.
Die Frage nach der internen Reihenfolge unter * und + reduziert sich daher auf die Frage nach der Ordnung in den Ketten unter * und +. Kurz gesagt, ist die Reihenfolge: Variable - Funktionen - Konstanten.
Innerhalb jeder Kategorie werden die Teile wieder geordnet. Es gibt daher eine Gesamtordnung für die ganze Kette. Atomare Variable werden entsprechend der Reihenfolge ihres erstmaligen Auftretens im Programm geordnet. Die Variablen werden einfach in die Namensliste eingetragen, wenn sie erstmalig gefunden werden. Erscheinen sie das erste Mal auf der rechten Seite eines Ausdrucks, dann sind sie Atome; treten sie aber zuerst auf der linken Seite auf, so haben sie einen Wert und sind daher nichtatomare Variable. Obwohl diese inkrementale Vorgehensweise die Verarbeitung von über Lochkarten usw. eingelesenen Ausdrücken erleichtert, kann sie zu einer unerwarteten Reihenfolge der Variablen führen.
Die internen Reihenfolgen unter * und + unterscheiden sich geringfügig.
Unter + lautet die Reihenfolge:
Variablen-FNC-*-**-ERF-LOG-LOG10-LOG2-SIN-COS-ATAN-ATAN2-SINH-COSH-ATANH -DRV-COMB-FAC-STEP-Konstanten.
Unter der Dominanz von * wird der Operator ** ohne Beachtung mitgeführt, d.h., falls A*C*B zu A*B*C geordnet wird, so A*C*B**2 zu A*B**2*C.
Die übrigen Funktionen werden wie folgt geordnet:
FNC-+-ERF-LOG-LOG10-LOG2-SIN-COS-ATAN-ATAN2-SINH-COSH-ATANH-DRV-COMB-FAC -STEP-Konstanten.
Ausdrücke werden nach ihrem führenden Operator geordnet, ähnliche Ausdrücke werden nach ihrem ersten Unterschied geordnet. (Die Ausdrücke werden von links nach rechts, ohne sie zu ändern, durchmustert, und das erste unterschiedliche Elementepaar, das auftritt, bestimmt die Ordnungsrelation zwischen beiden Ausdrücken.) Der Minusoperator (-) wird bei der Festlegung der Reihenfolge ignoriert. Konstanten werden wie folgt geordnet: #P - #E - #I - numerische Konstanten.
Falls in dieser Ordnung der Divisionsoperator '/' vermißt wird, so sei nochmals erwähnt, daß Ausdrücke der Form Z/N intern als Z*N**(-1) dargestellt werden, woraus sich natürlich auch Konsequenzen für die Ausdrucksanalyse ergeben.
Wir geben nachfolgend einen Algorithmus an, mit dessen Hilfe alle in einem Ausdruck enthaltenen Variablen in der Reihenfolge ihres Auftretens von links nach rechts aufgelistet werden.
Die Besonderheit dieses Algorithmus und des zugehörigen FORMAC-Programms liegt in der rekursiven Anwendung, womit gleichzeitig demonstriert ist, daß FORMAC-Prozeduren durchaus rekursiv verwendet werden können, sofern Variablenkollisionen ausgeschlossen sind. Die im Algorithmus angegebene Operation 'verkette' wird dabei durch die FORMAC-Funktion CHAIN realisiert.

Algorithmus Kette

Eingabe: f - ein beliebiger Ausdruck

Ausgabe: L - eine Liste (Kette) aller in f enthaltenen Variablen in der Reihenfolge, in der sie in f vorkommen

Algorithmus: {Der Algorithmus arbeitet rekursiv, indem Kette auf die einzelnen Teilausdrücke von f angewendet wird}

```
    a:= f   L:=( )
    if a ist variable then do
                    L:= verkette(L,a)
                    return ('variable') end
       else do j:= anzahl der argumente von a
              for i:= 1 to j do
                 b:= i-tes argument von a
                 L:= Kette (b,L)
                 a:= f
             end
       return(L)
```

FORMAC-Prozedur

```
KETTE: PROC(F,L)RECURSIVE;
    DCL(F,PX) CHAR(2000) VAR,
       L CHAR(1000) VAR;
    CET(A=F);
    IF LOP(A)=44 THEN
       DO;
        CET(L=L);
        RET(L=CHAIN(L,A));
        RETURN;
       END;
       ELSE DO;
         J=NARGS(A);
         DO I=1 TO J;FIXEDA(I=I);
            LET(B=ARG(I,A));
            RET(PX=B);
            CALL KETTE(PX,L);
            CET(A=F);
         END;
         RETURN;
       END;
END KETTE;
```

Vereinfachung trigonometrischer Ausdrücke

Die Vereinfachung trigonometrischer Ausdrücke im Sinne der Ausnutzung von Additionstheoremen zum Zwecke der Verkürzung dieser Ausdrücke ist ein relativ häufig auftretendes Problem.
Wir geben im folgenden, ohne Darstellung des Algorithmus, ein FORMAC-Programm zur Anwendung der Beziehung

$$\sin^2(X) + \cos^2(X) = 1$$

auf einen gegebenen Ausdruck an.
Der zu vereinfachende Ausdruck wird als Summe trigonometrischer Funktionen aufgefaßt, deren Terme nach Faktoren der Gestalt COS(A)**N durchmustert werden, wobei N eine natürliche Zahl größer 1 sei. Alle so gefundenen Teilausdrücke COS(A)**N werden in einem Variablenfeld AUS gespeichert. Nach diesem Analysevorgang werden seriell Substitutionen durchgeführt. Alle Ausdrücke COS(A)**N werden durch äquivalente Ausdrücke der Gestalt (COS(A)**Q)*(1-SIN(A)**2)**K ersetzt, wobei Q die Werte 0 oder 1 hat je nachdem, ob N gerade oder ungerade ist.
Diese Vorgehensweise hat den Nachteil, daß die Ersetzung eines Ausdrucks COS(A)**2 durch 1-SIN(A)**2 gar keine Vereinfachung darstellt, wenn in dem Ausdruck E, in dem die Substitution vorgenommen wird, nicht auch der Teilausdruck SIN(A)**2 auftritt.

Algorithmus ADDTH

Eingabe: A - zu vereinfachender Ausdruck
Ausgabe: B - Ausdruck, der aus A entsteht, indem cos-Terme ersetzt werden

Algorithmus:

```
B:=A   j:=0          {Anzahl der cos-Terme in B}
if B ist Summe then
  for i:=1 to Anzahl der Summanden von B do
    term:= i-ter Summand von A
    if term hat negatives Vorzeichen then term:=-term
    if term ist Produkt then do
      i1:=1  k1:=Anzahl der Argumente von term end
      else do i1:=0  k1:=1 end
       {term als Produkt mit einem Faktor aufgefaßt}
    while (i1< k1) do
      faktor:=i1-tes Argument von term
        i1=0{liefert term selbst}
      i1:=i1+1
      if faktor hat Form p**q then do
        p:=erstes Argument von faktor
```

```
                if p ist cos-Ausdruck then do
                  j:=j+1
                  aus_j:=faktor   {zu substituierender Ausdruck}
                  sub_j:=erstes Argument von p
                    {Argument von cos}
                end
              end
            end
         end
         for i:=1 to j do
            k:= zweites Argument von aus_i
             {Potenz des cos-Ausdrucks}
            r:=rem(k,2)
            if r=0 then do
              k:=k/2
              Q:=0 end
            else do
              k;=(k-1)/2
              Q:=1 end
            B:=replace(B,aus_i,cos(sub_i)Q(1-sin(sub_i)^2)^k)
              {serielle Substitution}
         end
         return(B)
```

FORMAC-Programm:

```
ADDTH: PROC(A,B);
       DCL A CHAR(*);
       CET(B=A); J=0; /*ANZ.DER COS-TERME*/
       IF LOP(A)=24 THEN  /*SUMME*/
         DO I=1 TO NARGS(B); FIXEDA(I=I);
           LET(TERM=ARG(I,B));
           IF LOP(TERM)=25 THEN LET(TERM=ARG(1,TERM));
           IF LOP(TERM)=26 THEN  /*PRODUKT*/
             DO; I1=1; /*ZAEHLER*/
                 K1=NARGS(TERM); END;
             ELSE DO; K1=1; I1=0; END;
           DO WHILE(I1<K1);
             FAKTOR=ARG(I1,TERM); I1=I1+1;
             IF LOP(FAKTOR)=31 THEN /*POTENZ*/
               DO; LET(P=ARG(1,FAKTOR);
               IF LOP(P)=5 THEN /*COS -AUSDR:*/
                 DO; J=J+1; FIXEDA(J=J);
```

```
                LET(AUS(J)=FAKTOR;
                    SUB(J)=ARG(1,P));
                END;
              END;
          END;
        END;
        DO; I=1 TO J; FIXEDA(I=I);
          LET(K=ARG(2,AUS(I)));  /*POTENZ VON COS*/
          IF MOD(INTEGER(K),2)=0 THEN
            LET(K=K/2;Q=0); ELSE
            LET(K=(K-1)/2;Q=1);
          LET(B=REPLACE(B,AUS(I),
                COS(SUB(I))**Q*(1-SIN(SUB(I))**2)**K));
        END;
      RET(B=B);
END ADDTH;
```

7. Fehlerbehandlung

In diesem Abschnitt soll angedeutet werden, wie der Nutzer von FORMAC auf möglicherweise auftretende Fehler des Systems reagieren kann.
Das volle Verständnis und die effektive Ausnutzung dieser Zustände setzt allerdings gewisse Erfahrung mit dem Gesamtsystem voraus. Insbesondere sollte der Nutzer zumindest gewisse Kenntnisse über die Behandlung von Ausnahmezuständen in PL/1 mit Hilfe der ON-Bedingungen haben.
Zum Verständnis der Möglichkeiten der Fehlerbehandlung sei erwähnt, daß wir zwischen Fehlern in der Preprozessorphase (Preprozessorfehler) und Laufzeitfehlern zu unterscheiden haben.
In der Preprozessorphase werden hauptsächlich Syntaxfehler wie

- gestörtes Klammergleichgewicht,
- zu lange Programme,
- falsche Verwendung von OPTIONen angezeigt.

Der Nutzer hat in diesem Fall nur die Möglichkeit, die angezeigten Fehler zu berichtigen und das Programm nochmals abarbeiten zu lassen.
Laufzeitfehler in FORMAC lassen sich aber durch eine Reihe von Maßnahmen in gewisser Weise abfangen.
Jeder Laufzeitfehler erzeugt einen der fünf nachfolgenden Ausnahmezustände:

(1) DENSYN - Syntaxfehler. Dieser Zustand wird z.B. gesetzt durch

```
LET(Y=A/(B*SIN(C,B)));     (SIN darf nur ein Argument
                            haben)
```

oder

```
LET(A=X**-3);              (-3 müßte in Klammern stehen).
```

(2) DENSEM - semantischer Fehler. Dieser Zustand wird z.B. durch

```
LET(Y=DERIV(F,X,N));
```

gesetzt, wenn N nicht zu einer nichtnegativen Konstanten ausgewertet wurde.

(3) DENSIZE - Überschreitung festliegender Grenzen. Nichtverfügbarkeit angeforderter Ressourcen.
Wenn z.B. FAC(920) ausgewertet werden soll, tritt dieser Zustand auf, da das Ergebnis mehr als 2295 Dezimalziffern hat.

(4) DENSYSM - Systemfehler. Beim Auftreten dieses Zustandes sollte das Programm nochmals abgearbeitet werden.

(5) DENERR - Jedes Auftreten der Zustände (1) bis (4) setzt diesen Zustand.

Als Standardaktion wird beim Auftreten eines der obigen Zustände eine Meldung gedruckt (z.B.: IHE501I CONDITION DENSIZE IN STATEMENT...) und, sofern der Fehler nicht den Programmabbruch erzwingt, die Abarbeitung bei der nächsten Anweisung fortgesetzt. Über eine sog. ON-Anweisung kann der Nutzer festlegen, was beim Auftreten eines Zustandes geschehen soll. Dies geschieht mittels

```
ON CONDITION (zustand) reaktion;
```

zustand ist dabei einer der fünf obigen Zustände,
reaktion bezeichnet eine geeignete Reaktion (Maßnahme).

Neben diesen Möglichkeiten des Abfangens von FORMAC-Laufzeitfehlern können natürlich die vielfältigen Möglichkeiten genutzt werden, die PL/1 zum Setzen und gezielten Ausnutzen von ON-Bedingungen bietet. Die wohl häufigste Variante besteht im Verwenden der Ausnahmebedingung ON ENDFILE (SYSIN), um mit einem Programm eine beliebige, vorher nicht bekannte Menge von Eingabedaten zu verarbeiten. Es soll nochmals darauf hingewiesen werden, daß gezielte Fehlerbehandlung mehr Informationen erfordert, als hier nur angedeutet werden konnten, wir verweisen daher auf einschlägige Literatur über PL/1 und auf das FORMAC-Handbuch /13/.

Anhang

REDUCE-Prozeduren bzw. Anweisungsfolgen zu wenigen ausgewählten Algorithmen.

1. Programm PICARD zur Lösung von Anfangswertaufgaben unter Verwendung des REDUCE-Integrators:

Bemerkung:
REDUCE hat keine mit den Eingabemöglichkeiten von FORMAC bzw. PL/1 vergleichbaren Möglichkeiten der Eingabe. Es ist lediglich möglich, mittels der Anweisung IN filename;
Eingabefiles einzulesen, die vollständige REDUCE-Ausdrücke bzw. Anweisungen enthalten.
Bei einigen nachfolgenden REDUCE-Programmen wird daher vorausgesetzt, daß einzulesende Daten in Form von Ergibtanweisungen in einem Eingabefile mit dem Namen EIN enthalten sind. Für das folgende Programm PICARD bedeutet dies, daß die 4 Eingabewerte F (rechte Seite der Dgl.), XO (Anfangswert), YO = Y(XO), N (Anzahl der Iterationen) in der Form

F:= ausdruck; XO:= konstante; YO:= konstante; N:= natürliche zahl;

in dieser Reihenfolge im File EIN enthalten sind.

```
COMMENT PICARD-ITERATION;
IN EIN;
ARRAY Y(N); Y(0):= YO;
FOR I:= 0 : N  DO
  BEGIN
    WRITE FF:= SUB(Y=Y(I),F);
    WRITE FI:= INT(FF,X);
    WRITE Y(I+1):=Y(0)+FI-SUB(X=XO,FI)
  END;
```

Da in REDUCE Algorithmen zur Polynomdivision, zur Pseudodivision sowie zur Bestimmung größter gemeinsamer Teiler implementiert sind und dem Nutzer im symbolischen Modus zur Verfügung stehen, soll auf die Angabe entsprechender Programme verzichtet werden. Daß die Nutzung derartiger Prozeduren des symbolischen Modus im Manual /7/ nicht ausreichend beschrieben wird und vom Nutzer außerdem zusätzliche Kenntnisse über die interne Datenstruktur erfordert, sei hier nur erwähnt.

2. **REDUCE-Prozedur zur Polynomintegration:**

```
PROCEDURE PINT(P,VAR);
BEGIN
  C:=COEFF(P,VAR,FELD);
  P1:=P*VAR;
  FOR I:1:G DO P1:= SUB(VAR=VAR**I,P1);
  RETURN P1;
END;
```

Anmerkung: Diese Prozedur ist eigentlich unnötig, da REDUCE über einen mittels INT (argument,variable) aufzurufenden leistungsstarken Integrator verfügt.

3. REDUCE-Anweisungsfolge zum Algorithmus PGGT1:

Anmerkung: Es werden zwei hier nicht weiter spezifizierte Prozeduren PREM(P,Q) und PQUOT(P,Q) zur Ermittlung des Restes bzw. ganzen Anteiles der Division von P durch Q verwendet.

```
TO:= AQ; T1:= BQ; T2:= BQ;
Z:= A; N:= B;  R:= N;
WHILE  R NEQ O DO
     G:= PQUOT(Z,N);
     R:= PREM(Z,N);
     T2:=TO-G*T1;
     T1:=T2; Z:=N; N:=R
```

4. REDUCE-Anweisungsfolge zur Ermittlung Lagrangescher Interpolationspolynome:

Bemerkung: Es wird vorausgesetzt, daß in einem Eingabefile EIN REDUCE-Anweisungen der Form N:=...; X(1):=...; Y(1):=...; usw. enthalten sind.

```
COMMENT LAGRANGE-INTERPOLATION;
IN EIN;
SCALAR I,J;
FOR I:=1 : N DO
    PHI(I):=FOR J:= 1 : I-1
    PRODUCT X-X(J) * FOR J:=I+1 : N PRODUCT X-X(J);
L:= FOR I:= 1 : N
  SUM Y(I)*PHI(I)/SUB(X=X(I),PHI(I));
```

5. <u>REDUCE-Anweisungsfolge zur quadratfreien Faktorisierung (Algorithmus QFRFAK):</u>

Anmerkung: Es werden Prozeduren PREM und PQUOT sowie die Prozeduren DEG(P,VAR) zur Ermittlung des Grades von P bzgl. VAR und LC(P) zur Ermittlung des führenden Koeffizienten sowie PGGT(P,Q) zur Bestimmung des ggT von P und Q verwendet.

```
P:= DEG(B,X);
IF P=0 THEN    B(0):= B; B:= 1
       ELSE    C:= LC(P);
               B:=B/C;
               B(0):= C;
T0:= B; T0Q:= DF(T0,X);
T1:= PGGT(T0,T0Q);
P:=DEG(T1,X);
IF P=0 THEN  C:= T1
       ELSE  C:= LC(T1);
T1:= T1/C;
Q1:= PREM(T0,T1); REST:=PQUOT(T0,T1);
I:= 0;
WHILE DEG(T0,X)  NEQ 0 DO
     I:= I+1;
     T0:= T1;  Q0:= Q1;
     T0Q:= DF(T0,X)
     Q1:= PQOT(T0,T1);
     G:= PQUOT(Q0,Q1);
     B(I):= G
```

6. <u>Die nachfolgenden Anweisungsfolgen ermitteln Tschebyscheff-Polynome erster bzw. zweiter Art bis zur Ordnung N:</u>

```
WRITE 'TCHEBYSCHEFF-POLYNOME 1.ART';
ARRAY T(N);
T(0):=1; T(1):=X;
FOR I:=1:N DO
 T(I+1):=2*X*I(I)-T(I-1);

WRITE 'TCHEBYSCHEFF-POLYNOME 2. ART';
ARRAY T(N);
T(0):=1; T(1):=2*X;
FOR I:= 1:N DO
T(I+1):= 2*X*T(I)-I(I-1);
```

7. Ermittlung Legendrescher Polynome

```
ARRAY P(N);
P(0):=1; P(1):=X;
  FOR I:=2:N DO BEGIN
 P(I):=((2*I-1)*X*P(I-1)-(I-1)*P(I-2))/I;
  WRITE P(I)
  END;
ARRAY P(N);
FOR I:=1:N DO BEGIN
P(I):=SUB(Y=0,DF((Y**2-2*Y*X+1)**(-1/2),Y,I))/
   (FOR J:=1:I PRODUCT J);
 WRITE P(I)
END;

 FOR I:=1:N DO BEGIN
 M:=(X**2-1)**I;
FAC:= FOR J:=1:I PRODUCT J;
P(I):=1/(2**I*FAC)*DF(H,X,I);
WRITE "P(",I,"):",P(I)
 END;
```

8. Bestimmung von f- und g-Reihen:

```
WRITE "F- UND G-REIHEN";
 ARRAY FF(N),GG(N);
 FF(0):=1; GG(0):=0;
  YP:= -3*MY*SIGMA;
 SIGP:=EPS-2*SIGMA**2;
 EPSP:= -SIGMA*(MY+2+EPS);
 FOR I:= 1:N DO
    FF(I):=MY*DF(FF(I-1),MY)*SIGP*DF(FF(I-1),SIGMA)+
 EPS*DF(FF(I-1);EPS)-MY*GG(I-1);
  GG(I):=MYP*DF(GG(I-1),MY)+SIGP*DF(GG(I-1),SIGMA)+
  EPSP*DF(GG(I-1),EPS)+FF(I-1);
  WRITE FF(I);
  WRITE GG(I)
```

9. Anweisungsfolge zum Algorithmus DIFFG1:

```
I1:=N-1;
FOR J:= N : M DO
    Y(I):=F;
    FOR I:=I1 STEP -1 UNTIL 1 DO
        Y(J):=SUB (DF(Y(I),X,I)=Y(I),Y(J));
    Y(J):=SUB(Y=Y(0),X=X(0),Y(J));
    F:=DF (F;X);
    I:=I+1;
    Y:= FOR I:= 1:M
      SUM(Y(I)*(X-X(0)**I/(FOR
        J:= 1:I PRODUCT J));
```

Literaturverzeichnis

/1/ Bahr, K.A.
FORMAC 73 Users Manual.

/2/ Barton, D., Fitch, J.P.
Applications of algebraic manipulation programs in physics,
Rep. Prog. Phys. 1972, 35, 235-314.

/3/ Brown, W. S.
On Euclid's Algorithm and the Theory of Subresultants,
Journal of the ACM, Vol. 18, No. 4, Oct. 1971, 505-514.

/4/ Buchberger, B. u.a. (Herausgeber)
Computer Algebra,
Symbolic and Algebraic Computation,
Springer-Verlag, Wien, New York, 1982

/5/ Collins, G.E.
Subresultants and Reduced Polynomial Remainder Sequences,
JACM, Vol. 14, No. 1, Jan. 1967, 128-142.

/6/ Glushkow, W.M. u.a.
Analitik, Kibernetika 3(1971).

/7/ Hearn, A.C.
REDUCE2,
User's Manual, University of Utah, 1973.

/8/ Horowitz, E.
Algorithms for Symbolic Integration of Rational Functions,
Ph. D. Thesis, Univ. of Wisconsin, Nov. 1969.

/9/ Knuth, D.E.
The Art of Computer Programming, Vol. 2 (Seminumerical Algorithms), Addison-Wesley Publishing Company 1969.

/10/ Kochendörffer, R.
Einführung in die Algebra,
VEB Deutscher Verlag der Wissenschaften, Berlin 1974.

/11/ Mätzel, K.
Ein Beitrag zur Dialogverarbeitung in der Formelmanipulation,
Dissertation B, TH Karl-Marx-Stadt 1980.

/12/ Mätzel, K.
Systeme zur Formelmanipulation,
Rechentechnik/Datenverarbeitung Beiheft 4/1979, 8-14.

/13/ Müller, L.
FORMAC 69 (Anwenderhandbuch für PL/1-FORMAC),
TH Karl-Marx-Stadt 1978.

/14/ Nehrkorn, K.
Beitrag zur symbolischen Integration elementarer Funktionen nach dem Verfahren von Risch,
Dissertation A, TH Karl-Marx-Stadt 1978.

/15/ Nehrkorn, K.
Zu einigen Problemen bei der Partialbruchzerlegung,
Wissenschaftliches Kolloquium "Grundlagen und Anwendung der Informationsverarbeitung",
TH Karl-Marx-Stadt 1974.

/16/ Payne, A.D.
Computation of the Einstein Tensor with FORMAC,
Comp. Phys. Comm. 4(1972), 100-106.

/17/ Risch, R.H.
The Problem of Integration in Finite Terms,
Transactions of AMS, May 1969.

/18/ Stoyan, H.
LISP - Anwendungsgebiete, Grundbegriffe, Geschichte,
Akademie-Verlag, Berlin 1980.

/19/ Stoyan, H.
Formelmanipulation auf dem Vormarsch,
Schriftenreihe WBZ MKR Heft 42/80.

/20/ Tobey, R.G.
Algorithms for Antidifferentiation of Rational Functions, Ph. D. Thesis, Harvard University, Cambridge Mass. 1967.

/21/ Tobey, R.G. et. al.
PL/1-FORMAC Symbolic Mathematics Interpreter, User's Reference Manual IBM Contributed Program Library, 360 D 03.3.004, Hawthorne, New York.

Sachwortverzeichnis

Bei Fragen zur Produktsicherheit wenden Sie sich bitte an:
If you have any questions regarding product safety,
please contact:

Walter de Gruyter GmbH
Genthiner Straße 13
10785 Berlin
productsafety@degruyterbrill.com